可接受的科学：
当代科学基础的反思

ACCEPTABLE SCIENCE:
REFLECTION ON THE FOUNDATION
OF CONTEMPORARY SCIENCE

段伟文 著

中国科学技术出版社
·北京·

图书在版编目（CIP）数据

可接受的科学：当代科学基础的反思 / 段伟文著．
—北京：中国科学技术出版社，2014

ISBN 978-7-5046-6588-1

Ⅰ.①可… Ⅱ.①段… Ⅲ.①科学学 Ⅳ.①G301

中国版本图书馆CIP数据核字(2014)第080090号

出 版 人	苏　青
策划编辑	肖　叶
责任编辑	张　莉
封面设计	乔　瑛
责任校对	王勤杰
责任印制	马宇晨
法律顾问	宋润君

中国科学技术出版社出版

北京市海淀区中关村南大街16号　邮政编码：100081

电话：010-62173865　传真：010-62179148

www.cspbooks.com.cn

科学普及出版社发行部发行

鸿博昊天科技有限公司印刷

*

开本：720毫米×1000毫米 1/16　印张：17.25　字数：300千字

2014年4月第1版　2014年4月第1次印刷

ISBN 978-7-5046-6588-1/G·617

印数：1—2000册　定价：36.00元

∎CONTENTS

目 录

导　论
从哲学化的科学到可接受的科学

　　20 世纪初，科学及其实证主义方法的影响如日中天，科学哲学在"统一科学运动"的旗帜下应运而生。虽然正统的科学哲学以拒斥形而上学为出发点，但在其话语体系中，科学的内涵始终未脱离亚里士多德的理论知识（theoretike）的意味。这一古典的思想断言，"知识是受宇宙的客观组织所决定的"或者说"理智和自然结构是内在相符的"。[1] 作为理论知识的科学是一种人们必须无条件地接受的"必然的科学"，这一观念一直影响到近代自然哲学对必然性与规律的探讨。但恰如杜威所言，只有在首先假定了宇宙本身是按照理性的模型而组织成功的这种主张之后才可能如此断言。实际上，哲学家们首先构成了一个理性的自然体系，然后借用其中的一些特点来指明他们对于自然的认识的特点。[2]

　　这种源自希腊的思想可以称之为哲学化科学的思想，它使西方自然哲学或科学得以产生和发展，但同时付出了基础主义（foundationalism）和本质主义（essentialism）的代价。基础主义主张，理论知识是一种不会发生变化的知识；本质主义则强调，事物存在着本质，事物的属性是本质的固有成分，而且事物的本质和属性是一种实体性的存在。然而，正如杜威曾经指出，绝对的确定性和不变性是空想，对那种脱离思想而存在的必然性的信奉是一种迷信，理论的建构不过是人的主动的生产性技能之一；亚里士多德所说的本质和偶性并非先于思想和导致了思想，它们实际上来自思想，它

---

1 ［美］杜威：《确定性的寻求：关于知行关系的研究》，傅统先译，上海世纪出版集团，2005 年，第 221 ~ 222 页。
2 同上。

们本身是思想的工具，是技术人工物。[1] 也就是说，不论是理论知识还是科学，都不是某种人们必须接受的必然的科学，而是人们在知识探究活动中选择性接受的结果。

所谓人的主动的生产性技能属于希腊人所说的技艺（techne），即为了制作一些新奇的事物，把各部分或片断产生出来的生产（production）和聚集起来的建造（construction）。如果将理论和科学的建构视为主动的生产性技能的一种特殊的应用，必然导致科学观上从哲学化科学到技术化科学（technoscience，又译技术科学、技性科学等）的改变。在技术化科学观看来：一方面，狭义地讲，科学在本质上是技术性的，知识与行动是相互关联与纠缠的，关于事物的因果关系等规律性的知识和对事物变化的条件与结果的操控相互支撑，并构成了一种有限的知识与行动的闭环；另一方面，广义地讲，在科学活动中，亚里士多德意义上的理论知识与实践知识（pratike）是相互融合与渗透的，科学所追求的真理不是无条件的必须接受的绝对真理，而是相对于科学共同体、社会乃至整个人类有意义的真理，目的与价值的选择内在于科学实践之中，伦理的考量应成为科学的内置机制。

立足技术化科学观，可以看到科学是一种受到现实与历史条件制约的有限度的人类活动，这使得我们对科学的思考不再仅仅局限于辩护与批判、科学主义与相对主义的对立，而将哲学反思的视域拓展到真实的科学活动与科学实践层面，通过更具思想深度的审度，将人的境遇与选择置于科学观念的中心，进而追问当代人类必须回应的一个重大问题——如果科学不再是一种必然的科学，我们可以接受什么样的科学？或者说，什么样的科学是可接受的科学？

一、一元论的科学知识观及其困境

自20世纪60年代以来，科学哲学的历史主义与科学知识社会

---

1 ［美］拉里·希克曼：《杜威的实用主义的技术》，韩连庆译，北京大学出版社，2010年，第31页。

学等学派的兴起在不同程度上对正统科学哲学及其标准科学观提出了挑战。在科学知识建构论与科学实在论等学说的相互争论中，辩护的语境与发现的语境、"科学的客观性"与"它被社会承认的相对性"呈现出明显的对立。这些对立实际上意味着对"理性与社会的二分（rational-social dichotomy）"或"事实与价值的二分"（fact-value dichotomy）这一传统的知识论前提的挑战。这两个"二分"强调，科学具有客观性和合理性，乃因科学知识是对与社会语境无关和价值的事实的刻画、陈述与表征，社会与价值等"外在"因素会干扰科学知识的客观性与合理性。

这种"二分"的思想源自西方知识论传统。在笛卡尔和康德等关于知识何以可能的辨析中，认知活动的范畴与社会和价值因素无关。康德的先天综合学说试图证明人们可以获得关于实在的确信无疑的真理，并以牛顿时空观和欧几里德几何作为这种真理的典范。面对广义相对论和非欧几何的挑战，新康德主义的马堡学派提出了所谓的"发生学"的知识观：科学认识的对象不是"被给予"的，而是科学的整个历史发展向之会聚的从未完全实现的"X"。但石里克指出，所谓先天综合判断并不存在："思想从未创造实在的关系；它没有可以印于其上的形式，实在不允许任何东西被赋予它，因为它本身已经被赋予形式……于是我们就不再有任何希望能够在认识实在的过程中获得绝对的确定性。关于实在的确信无疑的真理超出了人的认识能力，不可能为其所通达。"[1]

在正统的科学哲学传统中，社会与价值的因素依然未能进入有关科学合理性的标准的讨论的视野。逻辑经验主义强调："科学真理的最终标准、科学命题的意义所在，非经验莫属；同时，应当用一种合乎逻辑的形式或结构体系，把科学中所有的陈述组织

---

1 ［美］迈克尔·弗里德曼：《分道而行：卡尔纳普、卡西尔和海德格尔》，张卜天译，北京大学出版社，2010年，第105～108页。

起来。"[1] 毫无疑问，不论是观察词汇、理论词汇还是逻辑形式或结构体系，皆与社会和价值因素无关。在经历了历史主义和科学知识社会学等挑战之后，正统的科学哲学家依然（甚至更加强烈地）坚称，科学研究的目标是探求客观真理。虽然他们不再认定科学所发现的是绝对的真理，但他们或相信科学可以获得近似的真（approximate truth）（如卡特赖特），科学知识是对客观实在的逼真描述；或主张敛合实在论（convergent realism），如普特南、波义德、基切尔（P. Kitcher）等认为随着科学的进步，科学可以越来越接近真理。而问题是，一方面，无法找到一个令人满意的逼真（verisimilitude）的概念，近似的程度或范围要受语境和应用的制约；另一方面，各种版本的敛合实在论也存在着理论上的困难。[2]

尽管存在着理论上的困难并受到后实证主义和后现代思想的质疑，但科学发现的客观性和真理性在很大程度上被保留了下来，但同时也伴随着外来的质疑和内在的理论困难。出现这种状况的原因在于，由于受到传统科学真理观的影响，加之科学显见的有效性，使很多科学哲学家们相信或直觉到科学的客观性和真理性不容否定，但他们所选择的肯定科学的客观性与真理性的表述方式却使其缺乏自洽而易受攻击。

基切尔指出，传统的科学真理观主要包括实证论（veritism）、符合论（correspondentism）、方法论（methodism）、可靠论（reliabilism）等一套观念组合：实证论认为科学的目标是接受真的科学陈述，符合论认为对实证论的真理观的恰当的理解在于认为真的科学陈述与独立于心灵的实在相符合；对实证论与符合论的赞同往往伴随着方法论的主张，即对科学陈述的接受受到方法上的规范的指导；可靠论则进一

---

1 刘大椿：《科学方法论：问题和趋势》，中国人民大学学报，1988 年第 3 期，第 78 ~ 85 页。

2 Alvin I. Goldman. Knowledge in a Social World. CLARENDON PRESS · OXFORD, pp246 ~ 247.

步强调，得到采纳的方法上的规范的恰当性在于遵循这些规范能可靠地产生和支持真的信念。这套观念组合包括两个层面：实证论和符合论及科学知识与实在的关系，方法论和可靠论则主要关照参与科学活动的认识主体应遵循的规范；前者涉及真信念，后者涉及真信念的形成与认识主体——不论是怎样的真信念，最终都要为认识主体所接受。[1] 在这套观念组合中，似乎不存在"科学的客观性"和"它被社会承认的相对性"之对立，但这其实是由一元论的知识观和认识主体虚置与抽象化所造成的假象。

　　一元论的知识观即科学哲学早期倡导的统一科学运动所持有的知识观，其基本主张是：科学探究的目的是获得关于自然的单一且完整的真的陈述体系。这一知识观建立在基础主义的科学观和普特南曾论及的形而上学实在论，它试图用一套统一融贯的规律体系和强还原论方法获得关于世界的唯一而完整的说明，物理学中的万有理论和认知科学中的物理主义都受到了这一观念的影响。这种一元论的知识观可以追溯至西方哲学对所谓永恒不变的真理的探寻，尤其与作为近代科学开端的自然哲学所倡导的独立于人的旨趣的客观性一脉相承。值得指出的是，16 ~ 17 世纪的科学巨人哥白尼、开普勒、笛卡尔、波义耳和牛顿等为自然哲学和近代科学所进行的辩护，是在一神论的语境和相应的修辞策略中展开的——不论这些辩护是真诚的、佯装的抑或是反讽的。他们至少在书面上反复强调，其所从事的自然哲学或科学研究的合法性在于，它们部分地重构了世界的创造者曾使用过的神圣的律则之书（divine rulebook），他们的工作使人们能通过思上帝所曾想这一途径重现"真理"、追随上帝。

　　在几乎所有的"思想的攻防"中，诘难与辩护的策略往往随对方而定，并在互动中不断强化和趋同；近代科学的自辩——对科学知识

1 Philip Kitcher. The Third Way: Reflections on HelenLongino's The Fate of Knowledge. Philosophy of Science, 69 (December 2002), pp549-559.

的客观性的辩护亦未能幸免地染上了作为其实际对手的神学所具有的独断论色彩，只是将其独断论的基点由上帝置换成了自然。在现代性思想谱系中，科学作为一种求知活动的合法性在于其独立于人的旨趣的客观性；或者说，科学的认知意义（epistemic signi ficance）在于其对与人无关的客观知识的追求。这种客观性最初以一神论世界虚构的面目出现——（神创的）自然为科学设置研究议程，科学的目标在于以"自然类"等自然之本来所是的特定方式解析世界，通过对"力"等"在关节处刻画自然"（carve nature at the joints）的范畴的形式化处理，使自然律则得到清晰的呈现和确切的说明。在前现代性向现代性嬗变的过程中，对独立于人的旨趣的客观性或与人无关的认知意义的倡导，实质上是以（神创的）自然的规定性消解基于神圣之名的世俗化神权；但对科学本身而言，这种以独断论应对独断论的辩护固然可以带来廉价的胜利，但其最终不仅未能给知识带来某种必然的基础，反而付出了形而上学实在论和一元论的知识观等基础主义的代价。

正是这一先天性的缺陷，使其很容易被贴上科学主义与独断论的标签，在面对科学知识社会建构论的相对主义的挑战时缺乏应有的灵活性。一元论的科学知识观的困境表明，仅仅从理论知识对世界的表征这种符合真理论的视角为科学的合理性辩护并不是一个好的辩护策略，这不单是因为一元论的知识观为科学设定了一个难以企及的标准，更在于这种理论优位的视角并不能反映真实的科学活动的全貌。对此，哈金等新实验主义科学哲学家对科学活动中的表征与干预区分和研究；卡特赖特、海伦·朗基罗等对基础主义、本质主义提出了质疑，主张局域实在论和多元主义；劳斯[1]、吴彤[2]等提出应从理论优位转向实践优位，进而倡导对科学实践哲学的研究。因此，超越一元论的科学知识观的困境的关键在于更为全面地把握真实的科学所具有的理论与实践向度。

---

1 ［美］约瑟夫·劳斯：《知识与权力——走向科学实践哲学》，盛晓明、邱慧、孟强译，北京大学出版社，2004 年。

2 吴彤：《走向实践优位的科学哲学》，《哲学研究》，2005 年第 5 期，第 86 ~ 93 页。

二、科学的自然哲学向度与工具向度

关于科学是什么或科学何为的讨论是科学哲学的常规话题，在传统科学哲学所寻求的一元论的科学知识观受到历史主义和科学知识社会学等挑战之后，任何对科学的解读都必须诉诸其历史脉络，进而在历史与当下的汇合处找到概观的视角。科学史家皮特·迪尔（Peter Dear）在《可理解的自然：科学如何赋予世界意义》中提出了一个颇具启发性的理解框架：科学可以大而化之地视为自然哲学与工具手段（instrumentality）的混合物，其中涉及两种不同的实践，亦可谓之两种理想类型。一方面，作为自然哲学的科学旨在赋予世界意义，强调可理解性（intelligibility）[1]，它选取各种自然现象并试图加以解释——不仅寻求逻辑一致性，还诉诸那些看似正确、有意义和基于自然的观念和假说。[2]另一方面，作为工具的科学则旨在创造物质控制的手段，强调效能（efficacy），它以解决问题为导向并以实用的态度看待科学。迪尔的科学观将科学解析为作为自然哲学的科学和作为工具的科学两个向度，不仅反映出近代科学源于自然哲学与实验哲学汇流的历史脉络，还为我们把握真实的科学实践提供了重要的线索。这种理解科学的框架的启发性在于，它能够帮助我们超越传统的科学真理观，从科学的可接受性的角度解释科学的合理性：科学实践能够不断拓展的关键在于其可接受性，而可接受性又包含两个基本向度，即理论的可理解性和实践效能。

所谓科学的自然哲学面向体现了科学力图理解自然并赋予世界以意义的追求。大致而言，亚里士多德的自然哲学涵盖物理学和形

1　"可理解性"可以追溯至前现代哲学的"可理解的原理"和康德的先天直观形式，它既可以指某个理论的可理解性，也有学者（Hasok Chang）将其视为一种认识论上的优点，其作用是令我们的行为与我们关于世界的基本信念相协调。参见 Henk W. de Regt, Sabina Leonelli, and Kai Eigner (eds.), Scientific Understanding: Philosophical Perspectives, U. of Pittsburgh Press, 2009, p11。

2 Dear, Peter Robert. The Intelligibility of Nature: How Science Makes Sense of the World, Chicago: University of Chicago Press, 2006, p173.

而上学，旨在理解自然事物发生的原因并把握其本性，以获取理论知识（episteme）与理智直观的知识或统摄的知识。[1] 固然可以指出，当下的科学曾是自然哲学的一部分，相当于其中的理论知识；但更重要的是，以自然哲学作为一个定语或形容词来把握科学之为科学的特性，即其自然哲学性——理解自然的旨趣。受到自然科学与精神科学、说明（explanation）与理解（understanding）二分思想的影响，正统的科学哲学一度将理解作为心理因素而排斥在科学认识论之外。20世纪70年代以后，弗里德曼（Michael Friedman）、基切尔（Philip Kitcher）等人在坚持科学解释的客观性的前提下提出应该探讨科学所能提供的理解有何独特性，并以此作为对好的科学说明的要求。[2] 鉴于逻辑经验主义传统未能为其所声称的科学对自然的客观说明找到无懈可击的逻辑基础，理解不再能作为好的说明的一种结果自动呈现并因而可完全被说明所替代。在逻辑经验主义之后，虽然理解自然与说明自然在字面上的意涵相近，有时可以不加严格区分，但通过对自然的说明获得对自然的理解并非轻而易举的认知成就[3]，其中至少关涉到对这些不再是唯一的说明本身及其观念前提与历史语境的追问与分析。

用科学的自然哲学向度而不是科学理论来概观科学中的理论性活动旨在强调科学的自然哲学性，即科学理论之中必然存在着自然哲学因素，至少可以说很多原理性的科学理论在一定程度上扮演着自然哲学的角色。由此提示可获得的重要线索是，科学理论的可接受性取决于其可理解性，即它能让我们更好地理解自然或赋予世界以意义。从可理解性的视角来看，传统科学哲学仅仅关注科学理论的经验检验并

1 陈瑞麟：《科学与世界之间：科学哲学论文集》，学富文化事业有限公司，2003年，第190～191页。
2 Henk W. de Regt, Sabina Leonelli, and Kai Eigner (eds.). Scientific Understanding: Philosophical Perspectives, U. of Pittsburgh Press, 2009, pp5-6.
3 同上，p7.

不能解答理论的内部自洽和外部关联等可理解性问题。如就理论的内部自洽而言，可理解性的争论焦点在于科学理论中存在的难以消除的固有的不完备性——难于理解甚至不可理解的形而上学的冗余。何谓形而上学冗余？作为自然哲学的科学的一个基本信念是：事物以其本来所是的（唯一的）样子存在，并为自然哲学或科学的真理所显露。正如奎因等自然主义者所指出的那样，在形而上学与科学之间没有明确的界线。为了揭示所谓事物的本质或本来所是，增加理论的可理解性，寻求解释或说明的自洽，科学理论难免引入一些假设。这些假设：①很难确定是科学的还是形而上学的，如"超距作用"、以太、几率波等；②具有不可理解性（如概念上的矛盾、悖论、不自洽、不完备等），特别是不可观测或者难于观测；③影响理论的形式但不影响其工具效能。故而可称此类假设为科学理论的形而上学冗余，亦即彭加勒的约定论所说的那些科学理论中无法用实验检验的独断或约定的解释性假说。

纵观科学的历程，消除形而上学冗余既是科学及其哲学论争的热点，也是科学共同体克服科学理论的不完备性和提升其可理解性的常规步骤。尽管牛顿的万有引力定律描述了引力如何起作用，但在当时的批评者看来，他未能阐释万有引力究竟是什么，而且他有关万有引力的"超距作用"的假定也无法用机械力学解释。在整个 18 世纪，人们越来越多地运用万有引力来解决实际问题，并逐渐接受了"超距作用"的假定。但到了 19 世纪后半叶，麦克斯韦等英国物理学家又转而主张以机械性的接触作用解释万有引力，为此提出了以太假说并视其为电磁波传播的介质。虽然麦克斯韦的电磁理论在应用上取得了成功，但后来的发展表明，曾经被其视为实体的以太因无法通过实验观测到而最终为相对论所抛弃。类似的，燃素说和热质说也在理论范式的转换中最终被放弃。这些形而上学冗余微妙而复杂，它们似乎是科学理论中不可或缺的观念填充物，但也可能是心理幻象和观念偏见等巴什拉所称的"认识论的障碍"；它们可能是为了增加理论的可理解性而有意引入，也可能由特定观念或思维习惯无意带进；它们可能推动理论的整体发展，也可能是无关紧要的概念泡沫。不论科学发展到哪一步，形而上学冗余显然无法根除。时至今日，科学哲学家和有哲学兴趣的科学家依然在为时空本质、测量问题、EPR 悖论、引力波、希格斯粒子、夸克禁闭、超弦等关于科学理论的可理解性和科学理论实体的实在性之类的难题所困惑，但它们已经不再是科学关注的主要问题了，而这种变化是由科学的工具向度的发展带来的。

近代以来，科学成功的关键在于其自然哲学向度与工具向度之间的相互支持，后者作为前者的前提和判据得到不断发展。虽然经典力学以自然哲学之名行事，但其内涵逐渐从亚里士多德传统对自然本质的形而上学思辨转变为对自然现象的实验与数学研究。在回溯的视角看来，尽管此过程并无规划且相当繁复，但在各种思想碰撞下，最终形成了一种对待自然的全新方式——"探究事物真正本性的'实体性'（substantial）思维，不得不替换成试图确定事物行为相互依赖性的'函数性'（functional）思维；对自然现象的语词处理必须被抛弃，取而代之的则是对其经验关系的数学表述。"[1] 于是，本质的自然嬗变为现象的自然，工具主义和主张哲学跟随科学的自然主义由此萌生。莱布尼兹明确指出，除了包含在物理学微分方程中的意义外，力没有其他意义，方程中的数学实体是找不到的，它们只是抽象和精确计算的工具。[2] 欧拉则干脆告诉哲学家，力学规律的确定性是研究的起点，只有当形而上学原理能同物理学相融合时，才能被选用。[3] 在此转变中，虽然基于经验的科学理论时常会把基本概念和理论实体弄得一团糟，但它们一般会选择沿着经验有效性的方向继续前进而把问题当作无关紧要的包袱扔给哲学。也就是说，随着实验技术等科学的工具向度的

---

1 ［荷］E.J.戴克斯特霍伊斯：《世界图景的机械化》，张卜天译，湖南科学技术出版社，2010 年，第 547～548 页。

2 ［美］沃格林：《革命与新科学》，谢华育译，华东师范大学出版社，2009 年，第239 页。

3 同上，第 236 页。

发展，科学找到了物质性效能这一更容易呈现的可接受性标准，并用它检验科学概念和理论实体——不仅电磁与原子理论建立在实验观测之上，以太之类的形而上学假设也成为实验观测的对象。

　　1905 年的新科学革命带来了相对论和量子力学，科学从日常宏观世界走向更深远的宇观和微观领域，仪器和实验等工具与手段成为科学研究必不可少的中介和条件，这就从根本上改变了科学的基本面貌——作为工具的科学成为作为自然哲学的科学或科学理论的物质性前提，前者取代后者成为更具有优势的向度。由此，科学的物质性效能在很多情况下超越理论上的可理解性而成为科学的可接受性的首要判准，工具和物质上的可实现性与效能成为科学理论的可理解性和理论实体的实在性的可操作判准——只有在找到引力波和希格斯子之后，物理学家才会最终接受广义相对论和标准模型。

　　这场新科学革命不仅导致了时空相对性和不可观察的微观实体是否具有实在性之类的形而上学层面的挑战，更从根本上改变了自然哲学和形而上学的地位：①科学对世界的表征与干预相伴随，科学理论的可理解性与工具效能相互关联；②科学的形而上学基础是可以转换的，不存在唯一的形而上学实在或形而上学真理，如尼采所言，世界是可以诠释的，在它的背后不存在某种唯一的意义，但却有无数种意义；③形而上学之于科学虽不可避免，但它们只是一些暗含的、不能检验或未加验证的假设，哲学或形而上学层面的追问，固然可以对科学理论的可理解性提出挑战，但并不对其可接受性产生决定性作用。因此，科学得以正式脱下自然哲学的外套，其形而上学问题，如爱因斯坦与玻尔关于量子力学的哲学论争，最终也只能诉诸实验。对此，哈金的实验哲学区分了表象的实在性和干预的实在性。他指出，理论表象层面的实在论与反实在论之争最终没有结论，但从干预的角度来看并不难理解——我们完全有理由和证据相信电子等理论实体的存在，因为我们可以操纵它们。在他看来，恰如波普尔所言，将日常"实在的"概念扩展到微观世界的原则是"我们猜想为实在的那些实体应该能够对显然是实在的东西施加因果效应"（波普尔语），也就是说实在的概念源于人们改造世界的能力。[1] 他从工具有效性的角度提出了对实在的可接受性条件："凡是我们能够用来干预世界从而影响其他东西或者世界能够来影响我们的，我们都要算做实在。"[2]

哈金认为，干预的观点十分显见，甚或微不足道。而实际上，这个论点甚至可以追溯至柏拉图，他在《智者》中就曾极其相似地界定过所谓"是者"："我的意思是有能力的东西。这种东西在本性上要么倾向于对他者起作用（主动），要么倾向于受作用（被动），甚至承受最细微的东西最小程度上的作用，即使只出现一次——所有这些东西都真地'存在（是）'。我给'诸是者'做个界定，它无非就是'能力'。"[3]也就是说，"诸是者"乃举凡有能力起作用或受作用者。论及作为认知对象的"实在"，文中进而指出："如果'认知'是起作用的，那么反过来必定推导出'被认知'是受作用。根据这个道理，'实在'受到'认知行为'的认知，它由此而被认识，并且它由此通过受作用而运动……"[4]我们不妨推论，如果认知者亦为"是者"，则认知者与被认知者皆为有能力的能动者，认知即能动者间的相互作用，正是这种相互作用确立了认知的实在性。在此意义上，科学的可理解性和可接受性的最终判准是科学的工具与实践效能或有效性，但这种可接受性显然是非独断的和可修改的，同时也是充满不确定性和风险的。

三、科学基础与元理论的当代嬗变

在英美科学哲学传统中，大部分科学哲学家与科学家的科学观基本一致，正统的科学哲学的基本立场是，通过理性重构为科学合理性做出解释和辩护。直到 20 世纪 60 年代，科学哲学家的主要工作都是

---

1 [加]伊恩·哈金：《表征与干预：自然科学哲学的主题导论》，王巍、孟强译，科学出版社，2011 年，第 116 页。

2 同上，第 117 页。

3 [古希腊]柏拉图：《智者》，詹文杰译，商务印书馆，2011，第 60 页。

4 同上，第 62 页。

从科学的统一性出发，力图构建一种以物理学为科学基础的一元论的科学知识观。1974 年，福多（J. A. Fodor）发表了题为"具体科学或作为工作假定的科学的非统一性"的论文，向将具体科学（special science）还原为物理学的"统一的科学"纲领发起了挑战。在他看来，具体科学的存在，与其说取决于我们的认知与世界的关系的本质，不如说源于世界的构成方式——并非所有自然种类都与物理的自然种类相关联。这篇论文是针对奥本海默与普特南的论文"作为工作假定的科学的统一性"（1958）提出的反论，其科学背景则是当代科学基础的变迁。

　　自那时以来，科学发生了很大的变化：①在知识体系上，生命科学、认知科学与信息科学等方面的发展，使科学从"物理帝国"走向"科学共和国"，生命科学范式、认知科学范式、信息科学范式等成为与物理科学范式平行的研究范式；②在认识方式上，从夸克到基因组，科学现象愈益依赖实验与仪器的构建，实质上已成为巴什拉所称的现象技术，由此，科学从表征世界的理论知识体系发展为创造可操控实体的技术化科学，在微观物理学和分子生物学等前沿领域，科学与技术的界限日渐消弭，技术性成为当代科学的本质特征；③在知识生产模式上，当代科学知识越来越多地产生于"应用的情境中"，汇聚科技（纳米、信息、生命、认知等）与交叉学科和跨学科研究方兴未艾，科学从传统的学院科学与模式 1 转向后学院科学与模式 2，人的目的使科学与社会、事实与价值的分野不再，在气候变化等重大问题研究中，科学认识的目标从基于学科传统的可靠的知识转向面向问题的对社会稳健的知识。

　　这三个方面的变化反映了当代科学基础的变迁。首先，科学的基础理论不再必然是物理学，不仅意味着具体科学与物理学的平权，更表明科学的体系并非必然建立在一个统一的本质性的架构之上——无论这种架构取决于所谓认知与世界的关系的本质，还是源于所谓世界自身的构成方式。其次，技术性成为当代科学的本质，表明科学知识及其所呈现的现象与实体具有人工物的属性，科学理性的基础不在于其先验合理性而在于工具有效性，而且这种有效性是有条件的和有限的。最后，科学知识越来越多地产生于应用的情境，表明科学与当代社会实际上已经达成了共谋的关系，社会价值因素成为内置于科学的条件。科学基础的这三个变化的实质是科学不再简单地建立在单一的终极性的真理之上，而成为一项具有不确定性并与情境相关的开放的事业。

科学基础的变迁导致了科学的元理论的更替。自20世纪70年代末以来，基于科学统一性和一元论的科学知识观的一般的科学哲学开始走向衰落，科学不再被视为一种具有统一的内在特征的活动，还原论的科学体系与世界图景不再被理所当然地接受。20世纪90年代后期，直接受到库恩影响的斯坦福学派的新实验主义与新经验主义学者哈金（Ian Hacking）、卡特赖特（Nancy Cartwright）、杜普雷（John Dupre）与加里森（Peter Galison）等人共同发起了"科学的非统一性"运动。富勒（Steve Fuller）将此运动的元理论共识概括为：①反决定论并质疑自然律的实在性；②本体论的多元主义并以此作为方法论相对主义和学科间的包容的依据；③有意复兴局域的目的论与本质主义，但同时放弃这些立场的普遍性版本；④典范性的科学（paradigmatic science）由物理学转向生物学，编史学取向由牛顿—爱因斯坦转轨为亚里士多德—达尔文；⑤在经验层面，关注的焦点从科学的语言向科学的非语言实践；⑥放弃对科学参与者的规范性的视角。这些共识在很大程度上重新划定了当科学哲学的元理论立场。

在"科学的非统一性"的元理论架构下，科学不再被视为基于统一而自洽的知识体系或强还原论的理论体系。这种非基础主义的立场超越了表征主义的标准的科学观，它不再要求将多样性的科学实践纳入一个超验的统一架构，因而甚至与拉图尔（Bruno Latour）、哈拉维（Donna Haraway）和皮克林（A. Pickering）

等的后现代和后人类主义意味的科学技术论思想结盟。这一结盟并非偶然，因为库恩之后科学哲学的一个基本共识是主张历史认识论：科学认识是一种历史性科学探究实践，科学哲学研究必须深入科学的历史性实践细节之中。由此，科学作为一个过程的观点取代了科学作为一个体系的观点，而这个过程必然受到科学对自然的认识以及人的认知能力的制约，同时它又具有实践的开放性与稳定性。正因为如此，在放弃了基础主义之后，科学哲学的主流并没有走向"什么都行"的相对主义，而选择了自然主义与多元主义等有条件的理性主义科学观作为其元理论立场。

逻辑实证主义与逻辑经验主义的失败表明，无法通过理论重建构造为所有的科学构造一个规范性的统一的理论与方法体系，这使得自然主义成为当代科学的形而上学与认识论研究中最为重要的进路。所谓自然主义或自然化是一种方法论态度，它拒绝对任何事物做出超自然的或先验的宣称，主张科学与哲学是在自然与科学范围之内开展的没有明确界限的连续性的研究。在当代形而上学研究中，自然主义的形而上学成为一个新的进路，并使科学的形而上学研究得以复兴——像科学研究那样探讨具体科学中的形而上学问题。在认识论层面，自然主义强调，对科学的观察或推理等知识形成过程的理解应建立于人的认知能力之上——也就是认知科学已揭示出的人的认知系统的功能，这就使得科学认识论讨论的目标从科学是否认识了实在变为人的科学认知能在多大程度上认识实在。吉尔（Ronald N. Giere）最近提出的透视主义所采取的即是此进路。他认为，从自然主义出发，可以对"科学大战"做出恰当的理论回应："科学大战"中作为论辩焦点的强客观实在论以及自然律、科学真理和科学理性等所描述的启蒙主义的科学的世界图景不足以把握真实的科学实践，科学知识社会学的强纲领与认知相对主义对科学理性的反对实际上是对强客观实在论的批判；为了超越强客观实在论并避免相对主义，应该用模型论和透视主义的实在论替代理论与强客观实在论——科学实践表明，科学只能用模型描述世界的某一方面，而无法以理论概观世界之全部。实际上，吉尔的透视主义具有多元主义的意味。

在非基础主义、历史认识论和自然主义的背景下，多元主义取代一元论而成为当代科学哲学的基本立场。受到具体科学哲学中的反还原论及后现代主义对宏大叙事的拒斥等思想的影响，近年来出现了各种形式的多元主义。卡特赖特的"斑杂的世界"主张形而上学的多元主义，她认为虽然科学可以认识局域性的实在并在此基础上拼缝起来，但无法将它们还原为一套统一的基本定律。杜普雷则更为激进地强调科学的多元主义源于世界本身是一种多元主义的存在，他提出了混杂实在论，并以此为非统一的科学奠定形而上学基础。米歇尔（Sandra D. Mitchell）提出的理论整合的多元主义主张，科学可由各个分析层次上提出各种模型与说明整合而成，而不再企图建立单一的基于还原论的知识体系。凯特（S.H.Kellert）、海伦·朗基诺（H.Longino）等提出的科学的多元主义主张，一些自然现象或世界的某些部分可能无法运用一个理论给予完全的说明，或者使用一种方法进行完全的探究；对同一现象的相互竞争的理论反映了自然的复杂性与多面性，对于自然选择的层次、量子物理的决定论或非决定论图景等争议要少下形而上学的结论。实际上，吉尔的透视主义具有多元主义的意味。从元理论的意义上来看，自然主义与多元主义的立场使得科学哲学不再将科学视为某种哲学上的必然性的产物，而是开放性的科学实践的结果。

四、面向科技时代的反思与审度

科学哲学在中国的发展几乎与现代科学在中国的建制化同步。从民国初期到20世纪80年代，历经诸多嬗变曲折，科学的客观性、自主性及其作为普遍知识和社会变革力量的基本形象终于得到承认。20世纪80～90年代，随着科学哲学及与之相关的科学史与科学社会学的引入，科学不再被简单地视为正确的知识体系以及哲学原理的例证或其新范畴的来源；科学所具有的普遍性曾经使中国的科学哲学在突破思想壁垒的过程中较为便利地取得了旨趣的合法性，但中国的科学哲学家们很快把对普遍性的寻求纳入根植于本土知识与文化需求的"从中国走向世界的哲学的长征"之中。中国本土文化对经世致用的追求，加上马克思主义将改造世界置于优先地位的实践旨趣，使中国的科学哲学与科技哲学不仅关注认识论层面的科学合理性及其辩护，且从一开始就将科学视为一套特定的方法论和一种社会建制化的人类活动，将科学纳入由思想革命到社会变迁的实践场域，致力于追问近现代科学的社会运行机制和中国科技落后的历史文化根源。在此过程中，后实证主义、科学知识社会学、社会批判理论以及欧陆哲学对现代性的反思相继引入，尽管存在着观念脉络与现实语境上的落差，但对科学合理性更精致的辩护和更深刻的质疑与反思成为学界译介与论辩的焦点。

在国际科学哲学界，自 20 世纪 90 年代中期以来，"科学大战"中导致科学主义与反科学主义对立的基础主义的一元论的科学知识观逐渐被超越，吉尔、卡特赖特、基切尔、海伦·朗基洛、富勒等科学哲学家开始重新思考科学的要素与边界，使一般科学哲学的反思重心日益转向社会认识论、实验建构论、能动者实在论等科学活动的实践层面，将科学活动的目标从探寻价值无涉的客观真理重置为对有意义的真理的追求。同时，在当代科学论研究中，默顿范式和科学知识社会学的分立也通过对后学院科学、后常规科学等"真科学"的关注而消解，科学后果的不确定性、科学的价值选择以及科学文化与其他文化的关系等成为核心议题。出于对实践的关照，这两个领域的研究目标逐渐契合于在科技时代的复杂语境中对科学的权衡与审度：从对科学的客观性、实在性的辩护或质疑等理论性的辨析转向对科学的知识的可靠性和社会稳健性（socially robustness）的实践考量。

近二十年来，面对"科技时代如何看待科学"这一时代性问题，中国科技哲学界做出了积极的回应。在科学哲学、技术哲学与科学技术社会研究整合形成科技哲学的核心论域的基础上，科技伦理、工程哲学、产业哲学、科学实践哲学新探究等应运而生。在此背景下，刘大椿认为，在对科学理性的哲学分析与追问中，主要存在着辩护与批判两种进路，单纯的辩护和单纯的批判都是有局限的，经过辩护与批判的相互较量，发展出了一种可称之为"审度"的新取向，它主张超越单纯的辩护与批判，用多元、理性、宽容的观点来看待科学，实现"从辩护到审度"的转换。[1]

实际上，这一立场的提出也是对 "科学大战"加以反思的结果。建构论的科学知识社会学之所以能对正统的科学哲学所辩护的科学知识的客观真理性带来如此巨大的冲击，最根本的原因在于后者的辩护将科学夸大为一种超越人的旨趣的寻求绝对真理的事业，而忽略了科学作为人类活动的本意。在正统的科学哲学对科学的辩护中，科学被视为一种由微妙或神圣的"自然议程"所确立的必然的科学。但实际上，包括物理学在内的全部科学，其研究旨趣与议程最终无一不是由人所确立的，因此，所谓科学的客观性不可能离开社会的接受而存在，理性知识的获得离不开社会群体的认识，对一项事实的探究与研究者的旨趣密不可分。反思科学的批判的维度与其说是对科学及其知识与后果的反思，不如说是对将科学所探求的客观真理绝对化的科学主义的纠偏。从现象学到批判理论以及后现代的解构主义对科学的批判之所以会走向反科学主义，在很大程度上是因为对科学的过度辩护不恰当地放大了科学主义与反科学主义、科学文化与人文及其他文化之间的张力，由此导致了极端的科学主义与反科学主义两极对立。

对科学的审度，就是要回到"科学的客观性"与"它被社会承认的相对性"这一原问题，寻找第三条道路以超越极端科学主义与反科学主义的虚假的两极对立。正是由于这种对立的虚假性，布尔迪厄指出，对科学的相对主义与虚无主义的攻击并无致命之处。在

---

1 刘大椿、刘永谋：《思想的攻防：另类科学哲学的兴起和演化》，中国人民大学出版社，2010 年，前言。

他看来，人们依然可以将科学世界的实在论的观点与认识论上的实在论的观点结合起来，但其前提是同时与被誉为认识论双星的逻辑的独断主义和相对主义双双决裂——正如帕斯卡曾指出的那样，正是绝对的认知的独断主义观念导致了怀疑论的产生——相对主义论断只有在对抗独断的个人主义认识论时才显得有力，后者涉及个人与自然单独对峙的认知过程。[1] 因此，突破这种虚假对立的关键是应该看到科学是一个让某种发现面世的建构——使之发生并使之公开，其所涉及的认识论实际上是一种社会认识论。也就是说，社会与价值的因素实际上是内在于认识过程的，它们是科学认识所必需的要素而非必须加以排斥者。这样一来，历史主义与建构主义等就不一定意味着为相对主义背书，问题的关键不再是消除价值对事实的影响，而是使这种影响的性质、过程、机制与程度得到揭示与分析，让人们做出比较与抉择。而所谓科学的客观性及其事实是一种在科学的场域中被复杂地构建起来的，而且参与科学活动的主体的范围也随着科学所构建的事实的影响范围的拓展而拓展。

　　从科学活动论的角度来看，在科技时代科学已不再单单意味着求知，而更多地意味着行动；科学的复杂场域（学科际与主体间关联）使得信任比推演更加重要；科学后果的复杂性与不确定性使得审慎比证据更为关键；在各种复杂的情境中，多元选择而不是单一地接受成为常态。有鉴于此，从辩护走向审度的可能理路是：①科学在本质上不是一种完全由"自然议程"所决定的"必然的科学"，而是由人们在科学活动中所形成的议程和范式所选择的"可接受的科学"。②科学的客观性并非价值无涉，在科学活动中，价值取向与利益权衡是不可避免的，它们的存在并不简单地意味着偏见或对客观性的侵蚀，而问题的关键是如何以一种合理的议程使得科学本身在与价值和利益相

---

1 ［法］皮埃尔·布尔迪厄：《科学之科学与反观性》，陈圣生、涂释文、梁亚红等译，广西师范大学出版社，2006年，第9页。

关的语境中成为一种具有社会健壮性的知识——具有相当的可靠性且对其后果负责的知识。③不论具有社会健壮性的科学知识的生产，还是对科学外部的审度，要坚持多元、理性与宽容的态度，关键是如何应对观念冲突与利益冲突。对于观念冲突，近代哲学家密尔关于多种观念的充分表达最有利于达成真理的观点具有重要的借鉴价值。对于利益冲突，罗尔斯的无知之幕的思想实验具有一定的启发性。但现实的情境，如柯林瑞奇两难（collingridge dilemma）（即一项不可逆的科技活动在决策之初因信息不足难以抉择，但在获得可作出判断的信息时其后果已不可逆转）等，无疑需要更多的实践智慧加以应对：①慢一点，在追求创新制高点与可持续创新之间寻找平衡；②多重选择，通过多种可替代方案构建具有更强的风险适应性的创新组合；③寻求可逆性，对具有高度风险的创新应将克服其危害的不可逆性作为必不可少的行动原则；④小一点，以渐进或逐步的试验取代跃进与扩张性的推进，通过经验的累积规避总体风险。

玻尔在为量子力学的哥本哈根诠释辩护时，曾提出互补原理以说明科学的限度：科学是人为的活动，人们不能完全认识外部世界，因为人自己就是外部世界的一部分，不可能以上帝之眼透视整个世界。通过对科学的历史追溯与当代科学基础的讨论，本书试图指出，科学在本质上是一种人化物，不论是理论架构还是实践场域，其蓝图是由人绘制的，我们应该深入反思"什么样的科学是可接受的科学？"这一时代性的问题。为此，本书从近代科学与可理解的世界、能动者的自然与现象技术、技术化科学的科学观、多元主义与自然主义的科学观、整体论与科学方法论的嬗变、科学的价值选择与伦理考量、技术化科学的社会建构以及科技时代人的存在等维度，展开了以下讨论。

第一章"近代科学与可理解的世界"从历史的维度探讨了近代科学被逐步接受的主要思想脉络。本章以思维秩序的设定为主线，讨论了自然哲学如何从脱离对整体宇宙秩序的思辨开始，将视角聚焦于具体事物之间的关系而走向近代科学的过程。在此过程中，本体论的转换使不可思者成为可思者、未被思者成为被思者，整个世界最终被具体化为基于数理结构的物质世界，经典物理学以其对物的量化关系的精确描述而成为可接受的科学，但同时"错置的具体所带来的谬误"为科学主义等现代性危机的根源埋下了伏笔。

第二章"从能动者的自然到现象技术"通过对神奇科学与自然的法术的讨论，追溯了现代科学的技术性本质的来源，进而从现象科学与现象技术的视角探讨了发端于近代实验哲学的现代科学特别是物理学科学的实质性特征。本章指出，现象科学致力于把握事物之间的量的关系，而对现象层面的量与各种关系的把握必须建立在基于仪器的测量与实验之上，科学所揭示的实在最终依赖于可以通过技术呈现出的现象，近现代科学的实质不仅是现象科学也是现象技术。

第三章"作为有限知识体系的科学"。在标准的科学观看来，自然真实而客观，其性质独立于观察者的偏好或目的，但通过科学——对自然界的事物、过程和关系进行精确解释的认知活动——被或多或少地如实反映出来，因此科学被视为一种反映自然的客观知识体系。但这种表征主义的知识模式建立在基础主义的存在论之上，真正的科学知识的获得不仅是对自然结构的表征，还必然涉及对研究对象的控制、操作和制造，这是一个知与行、看与做相互渗透的过程。因此，应该将科学视为人类的有限知行体系，分析其基于实践的因果关系的重构机制，探寻其非表征主义的技术化科学意象，以此促进对科学实践的整体性反思与洞察。

第四章"多元主义与自然主义的科学观"从当代科学哲学特别是新经验主义科学哲学的立场出发，深入探讨了多元主义与自然主义的科学观。首先，通过对科学一元论到科学的非统一性的讨论，分析了本体论的多元主义的可能性与困难，探讨了超越表征主义认识论的整体论进路，进而提出了能动者实在论的构想。其次，从自然主义的视角讨论了当代科学与哲学和形而上学的关系，探讨了第二哲学与形而上学的自然化的可能性与困难。

第五章"整体论与科学方法的嬗变"立足科学方法论的视角，探讨了科学方法的整体论嬗变的必要性与可能性。本章首先对当代哲学视野中的整体论进行了全面的分析，进而剖析了作为科学方法论的还原论及其问题，主张在倡导内在关系论的认识论的基础上，寻求从还原论转向整体论之路。

第六章"科学的取向选择与伦理考量"指出，在科学实践中，事实与价值往往相互纠缠，对科学理论的接受和对科学事实的阐释往往与价值选择高度有关；科学的自主性和自治是科学共同体与社会之间达成的一种理想化的社会契约，由此产生的科学的精神气质决定了科学建制内的理想化规范结构；在科学研究中，科学共同体必须坚持客观性原则。为此，不仅要克服科学研究中的错误和偏见，还要在科学实践中构建起主体间的共识客观性，进而走向可靠的科学与实践的明智。面对科技发展所带来的伦理冲突与道德抉择，科技伦理反思的展开与规范的建立成为科技实践不可或缺的内在环节。

第七章"技术化科学的社会建构"指出，通过对科学技术的社会建构论分析，可以看到，要理解作为人化物的科学和技术中的各种争论及创新的稳定化机制，必须将其置于社会、历史、文化情境之中，方能把握其丰富杂多的具体性的生成机制，理解其中复杂多向的异质性实践，进而在科技与社会相互建构、混存共生的无缝之网中，领略各种利益相关者和能动者的实践的冲撞中所蕴含的局域的偶然性与必然性。

第八章"技术化科学与存在的抉择"指出，在理性主义和认知主义的绝对性和独断性被打破之后，技术开始成为当代哲学反思的一个重要主题。在有关技术与人的存在的反思中，人们逐渐认识到现代科学的本质是技术性的——科学本为"技术化科学"或"技科"，对这一点的认识是思考人类生存的现状与未来可能性的关键环节，也是我们反思什么样的科学是可接受的科学的最终注脚。

第一章 近代科学与可理解的世界

　　什么样的科学是可接受的科学？为了寻找这个问题的答案，我们先要从历史的维度探讨近代科学被逐步接受的主要思想脉络。这是一个漫长的历程，它使世界成为在科学的意义上可理解的世界。从放弃对宇宙整体秩序的思辨开始，自然哲学逐渐将视角聚焦于具体事物之间的关系而走向近代科学。近代科学革命之可能源于本体论的不断转换，它使不可思者成为可思者、未被思者成为被思者，令整个世界最终被具体化为基于数理结构的物质世界。在由此而形成的新的思维秩序下，经典物理学以其对物的量化关系的精确描述而成为可接受的科学，但同时，"错置的具体所带来的谬误"也为现代性危机的根源埋下了伏笔。

一、自然哲学及其思维秩序

今天，当我们谈到科学的时候，首先会想到的是近代以来的科学对世界的解读，借助科学为我们提供的世界图景，我们得以解读世界乃至认识自我与社会。而科学对世界的解读缘起于中世纪的自然哲学传统，并可以追溯至亚里士多德哲学对其研究领域的设置。

在亚里士多德所勾勒的人类知识架构中，科学被分为关注知识的理论科学、探讨行为的实践科学以及研究实用对象制造的创制科学，其中，理论科学又可分为形而上学或神学、数学和物理学。从研究主题上来看，最接近现代自然科学的是理论科学中的物理学，其研究对象是那些能够独立存在的、可变的、拥有运动和静止内在来源的事物，既包括有生命者，亦包括无生命者。实际上，物理学 (physics) 对应的希腊语词 (physis) 即本性或自然 (nature) 的意思，其确切的内涵应为自然学。但在中世纪，尽管人们普遍认为自然哲学的固有主题是一切可运动的事物，但物理学的旨趣并不是独立的，或者说，独立的物理学研究在当时是不被接受的。究其原因，乃在于在经院哲学看来，狭义的自然哲学或物理学在理论科学中的地位低于数学与形而上学或神学，仅凭物理学不足以给世界以完整的解读。因此，自然哲学只能在亚里士多德的理论科学的知识架构下展开，也就是说，唯有涵盖理论科学的三个层面的广义的自然哲学才是可以接受的。

　　亚里士多德的理论科学不仅仅是一种知识架构,更为重要的是,它是对思维秩序的规定。在亚里士多德的知识架构中,数学所研究的数和几何图形是从物体中抽象出来的,它们不能独立于事物而存在,但同时又是不变的事物;形而上学探讨的神和精神实体则是能独立于物质或物体而存在的、不变的事物。从亚里士多德到整个中世纪,关于后者的知识是具有恒久不变性的崇高的知识,或者说只有神才能完全洞察和掌握的完美知识。正是这一等级式的知识架构确定了中世纪自然哲学的思维秩序。也正是因为受到这种思维秩序的规制,物理学始终与神学或形而上学纠缠在一起,并因此被框定于诉诸质料因、形式因、动力因与目的因的无休止的循环说明之中。而数学却获得了物理学所没有的独立性:一方面,数学致力于将物体的几何特征以及可度量与可量化的属性抽象出来加以研究;另一方面,数学运用与对自然现象的研究而发展出光学、天文学和静力学等"中间科学"。当然,数学的这种独立性也使人们对"数学是否属于自然哲学"、"中间科学距离自然哲学还是数学更近"等问题产生了疑惑。[1]

　　在今天,科学的学科分类十分重要,对中世纪的自然哲学而言也是如此,而什么样的学科分类是可以接受的,也取决于当时的思维秩序。在中世纪,关于世界的理解是具有等级秩序的。一方面,世界是指由所有存在事物组成的整体,其内涵相当于"宇宙",而宇宙中地位最高的区域就是天界最外层和天界之外;另一方面,根据亚里士多德传统,事物可分为可生可灭的事物与恒久不变的永恒者,故世界又可分为低劣的世界与优越的世界。依照这一秩序,就有了关于天界的自然哲学和天文学的分野。关于天界的自然哲学主要研究天界的构成,太阳、月球和行星的运动,以及宇宙是无限还是有限等问题。天文学

1 [美]爱德华·格兰特:《近代科学在中世纪的基础》,张卜天译,湖南科学技术出版社,2010年,第167页。

则大异其趣，它实际上是用数学来研究天体的位置与运动，或者说是用几何学来描述天体的行为的中间科学，其所提供的有关天体运行的形式化描述为占星术和历法编制等实际应用提供了依据。

中世纪自然哲学的思维秩序的核心地带就是所谓的形而上学。形而上学实质是使现有知识得以产生的那些不变的前提条件——但却被无条件地视为一切知识的永恒前提。由此可见，作为思维秩序的核心领域的形而上学是已有观念与知识前提教条化的产物。从可接受性的角度来看，越是处于思维秩序的核心地带的问题似乎越容易被接受，但由于未对前提加以反思，因而从这种秩序中产生的问题往往会误导探究的方向。在中世纪的自然哲学中，有很多似是而非的提问都因此而产生。如关于世界地位的疑惑：即世界或宇宙是一个受造物还是一直就存在着、没有开端也没有终结？这些问题本身，未受质疑地蕴含了形而上学或神学观念的内容，而这些内容其实是多余的。更确切地说，这些观念性的内容从提问环节输入，再从结论中输出，不过是一种同义反复或循环论证。因此，可以将这些内容称为形而上学的冗余物——思想中的泡沫，但又是不可或缺的。在很多情况下，处于思维秩序核心的形而上学的冗余物决定着可接受的知识的主题。在中世纪的自然哲学中，我们可以看到很多这样的主题：

"由于认为上帝创造了世界，探究世界之外可能存在什么就成了自然而然的事情，特别是在 1277 年大谴责之后。在思考世界之外存在的事物时，自然哲学家关心其他世界是否可能存在，世界之外是否可能存在无限虚空，上帝在无限虚空中是否无所不在，上帝的无所不在是否与无限的虚空同广延，等等。自然哲学家假设与我们的世界相同的其他世界的确存在着，他们问，一个世界中的地球是否会自然地移到另一个世界的中心。"[1]

---

[1] [美]爱德华·格兰特：《近代科学在中世纪的基础》，张卜天译，湖南科学技术出版社，2010 年，第 169 页。

这些基于未加质疑的形而上学冗余物的研究主题必然导致知识的过度生长，而知识过度生长的必然结果是对作为前提的形而上学冗余物自身的否定。何谓知识的过度生长？这是因为一种观念一旦概念化之后就会在想象的道路上越走越远。当人们说我们所在的世界是被唯一创造的完美的世界时，经院哲学家就会进一步追问：在什么意义上可以说世界是"完美的"？是上帝使它完美的还是它本身已经是"完美的"、而上帝会使它更加"完美"？有意思的是，这种知识的过度生长在建构那些看似必然和宏大的体系之时，也在酝酿着否定与解构的力量——因为从一种粗略的和独断的前提出发建立体系时，其所借助的诸多观念的脚手架之间存在着不可调和的冲突。在托勒密体系中，为了"天的自然运动是圆周运动"这个教条而搭建起繁复的"本轮—均轮"体系，但正是这看似完美的原则和体系，在哥白尼的挑战面前不堪一击。又例如，从关于不朽的天界或月上世界的独断必然会演绎出一个挑战性的质疑：天界物质与地界物质是否具有相同的种类和性质？

完整的思维秩序是人类关于世界与知识的一种幻象。柯林伍德在论及科学时曾经指出，人们一再尝试着把所有科学简化成一个有序的整体，试图找到一个关于科学的简表或者等级制度，令每一种科学在其中都有它自己的适当位置；这个由科学组成的世界得以成立的前提是，有可能存在着一个柏拉图式的纯粹概念的世界，在这个世界中，每一个概念都被榫接于其他概念之中，每个概念都有一种科学来解释它的本质；但科学的概念是抽象的，因而是独断的，每个人都可以依据其喜好展开抽象，所以，完整的、科学的体系或者世界是不存在的。[1]

从更深的层面来看，这种试图全盘规制自然哲学的完整思维秩

---

1 ［英］R.G.柯林伍德：《知识镜像：或精神地图》，赵志义、朱宁嘉译，广西师范大学出版社，2006 年，第 181～182 页。

序建立在本体论与认识论意义上的概念实体化和共相实在论之上。科学对于抽象概念的运用来自其前身自然哲学，而在抽象概念的运用中可能出现的最大问题是对概念的实体化。概念实体化的思想源自中世纪盛行的基于共相的实在论。虽然经院哲学内部有诸多变种，但其经典形式是实在论。其基本观点是，共相是真实存在的，即种、属等共相是最终的实在，个体存在者只是这些共相的特例。同时，当时的经院学者相信，共相是为人所认识到的神的理性，即自然与理性相互映衬。这实质上是一种对亚里士多德的新柏拉图主义解读，它将世界体验为神的理性范畴的示例，也就是说，人们所体验、相信和断言的是共相的终极实在性，而并非殊相的终极实在性。[1] 如果真的是这样，那么，自然哲学就只能框定在一种柏拉图式的概念世界之中，这种自然哲学的本质特征是完成了或既有的知识体系——关于神的知识，其思维秩序也只能是基于共相实在论的永恒的自然秩序或理性秩序。

唯名论对于打破这种完成了的自然哲学体系及其永恒不变的思维秩序起到了关键性的作用。唯名论的代表奥卡姆不无颠覆性地指出，除非通过启示，否则不存在可被人理解的不变的自然秩序或理性秩序，不存在关于神的知识。对于形而上学论断来说，只要从其自身的矛盾出发，就很容易用归谬法加以反驳。奥卡姆用的就是归谬法。他指出，神不可能创造共相，因为这样做会限制他的全能，因为假使共相存在，就意味着神要想摧毁共相的一个个例，先要摧毁这个共相本身——这好比若要将某一个人罚入地狱，先得将整个人类罚入地狱。如果不存在共相实在，那么，每个存在者必然彻底地成为个体的，或者所谓神的独特创造物。

在放弃了共相实在论之后，完整的思维秩序即被打破。一方面，

---

1 ［美］米歇尔·艾伦·吉莱斯皮：《现代性的神学起源》，张卜天译，湖南科学技术出版社，2011年，第28页。

事物本质仅针对具体的个体而言，这种存在论层面的个体主义破除了存在论层面的实在论。唯名论认为，共相的实在性是语言强加给人们的暗示，它掩盖了真实的个体的存在性，因此，共相只是二阶或更高阶的符号，或者说是仅仅用来将个体事物集合成范畴的有限的存在——这些范畴并不指称实际事物，而只是帮助我们理解这个彻底个体化的世界的有用虚构。而且，这种虚构还有可能歪曲实在，因此，奥卡姆提出了著名的剃刀原则：如无必要，毋增共相。换言之，有限的共相成为理解世界的一种"必要的恶"：虽然我们作为有限的存在，没有共相就无法理解世界，但每一次概括都使我们更加远离实在。是故，越少概括，越接近真理。另一方面，如果唯有个体才是真实的存在，那么，使一个事物得以产生和维持的原因也就不再是必然性、总体性和第一级的了，而可能是偶然性、局部性和次一级的原因（secondary causes），并且这种原因对事物的存在不负最终责任。[1]

这样一来，自然哲学的思维秩序出现了两个转向。其一是从对不变的自然秩序或理性秩序的寻求转向具体化的和随机性的抽象认识。这一转向使自然哲学的研究不再仅仅关注总体实在及其秩序，对具体事物及其特定原因等局部实在的研究也成为可以接受的。数学在自然哲学中的应用（即所谓中间科学）是这一转向的受益者。恰如柯林武德所言："因为数学只是一般性表达了科学的抽象本质，它为所有的科学工作形成了不可或缺的基干。但是这种数学形式在这种或者那种科学中被具体化的内容是'随机性的'，无法被简化成体系，其原因正是，根据定义，其形式是一种抽象的普遍或者其自己的个别变异与之并不相关的一种东西。"[2]其二是自然哲学以及后

---

1 ［美］米歇尔·艾伦·吉莱斯皮：《现代性的神学起源》，张卜天译，湖南科学技术出版社，2011年，第32～33页。

2 ［英］R.G.柯林伍德：《知识镜像：或精神地图》，赵志义、朱宁嘉译，广西师范大学出版社，2006年，第183页。

来的科学的统一性从概念上的统一性转向一种历史的统一性。也就是说，不再以唯一正确的概念体系的构建来确定自然哲学或科学的思维秩序，转而透过各种各样的科学产生和演变的历程来理解它们之间的相互关系。这样一来，自然哲学或科学对世界的解读就成为一个不断探究的历史进程。

这两个转向实际上是对思维秩序的重新设定，但这一重置的过程无疑是漫长的。直到尼采在批判整个西方思想模式时，依然告诫哲学家要提防像"纯粹理性"、"绝对精神"以及"知识本身"之类的自相矛盾的概念。在他看来，"它们总是要求我们想象一双完全无法想象的眼睛，一双不转向特定方向、因而也就没有主动性和理解力的眼睛，但是，正是主动性与理解力才使得看成为'看见某物'；它们总是对眼睛提出荒谬无聊的要求。世界上只有视角性的（perspective）看，只有视角性的'认知'；我们谈论一个事物时所施加的影响越大，我们可以投向同一个事物的目光更多和更具多样性，对于该事物，我们的'概念'和我们的客观性便越全面。"[1]

---

1 Nietzsche. On the Genealogy of Morality and Other Writings: Revised Student Edition (Cambridge Texts in the History of Political Thought). CUP, 2007, P87.

二、宇宙和谐与本体论转换

　　哥白尼的《天体运行论》发表50年后，人类迎来了17世纪的第一道曙光。尽管存在争议，但我们可从宽泛的意义上认定哥白尼开启了近代科学革命（不一定是库恩式的），它实际上是在17世纪初由开普勒等人在理论和实验两个层面推向深入的。不论是柯瓦雷、巴特菲尔德还是库恩的意义上的科学革命都不可回避的一个问题是：一种新的科学理论是如何被接受的？

　　从实证主义的角度来看，人们应该根据科学事实决定是否接受一种新的科学理论，但哥白尼的理论在天文观测数据上并无优势。由于天文学与历法的特殊关系，天文观测具有十分悠久的历史传统。实际上，哥白尼的大胆假说在当时遭遇的一个诘难是，就观测数据而言，哥白尼的理论甚至不如托勒密的理论精确——因为后者可以根据需要添加本轮和均轮。在新旧理论之间，存在着一个需要抉择的难题：旧的理论繁复但较精确，新的理论简洁但尚显粗糙。

　　在哥白尼去世后的半个世纪中，很多天文学家依然拒绝他的理论，当时最著名的天文学家第谷（Tycho Brahe）也未接受哥白尼的学说。第谷毕生最卓著的成就是他在哥本哈根的赫芬岛进行了长达21年的天文观测，通过肉眼观察——订正前人的星表，他无疑是望远镜出现以前最伟大的天文观测家。让后人倍感庆幸的是，第谷在晚年时搬到了布拉格，并收德国人开普勒为弟子。开普勒继承

31

了第谷毕生观测所积累的资料，成为天文学史上具有划时代意义的人物。

第谷是一个长于操作的实验科学家，开普勒则不仅长于操作还具有极强的理论思维兴趣。在成为第谷的学生之前，开普勒是一个"幻想源源不绝而来的人"。开普勒获得成功的奥秘在于他是一个敢于幻想、善于假设的理念论者。他直言不讳地指出，毕达哥拉斯和柏拉图是他的理念上的老师，他所真正感兴趣的不是杂多的现象，他对说明两三颗或成千上万颗行星和恒星并无特别的兴趣，更不甘心做一个资料的整理者，他只想解释宇宙的真实结构。在他看来，毕达哥拉斯和柏拉图的自然哲学已经指明了这一点：理想的宇宙图式是和谐的，完全为音乐和数学所统治。[1] 开普勒在宇宙论方面最早的论著是《神秘的宇宙》，这本充满神秘主义的著作，为他毕生的工作奠定了基调：他接受哥白尼的体系，并致力于在行星运动中寻找一种数的和谐。他获得的结论是：四面体、立方体、八面体、十二面体和二十面体等五种正多面体正好可用于解释行星和月球在宇宙中的分布。

《神秘的宇宙》似乎是对《蒂迈欧篇》的模仿，但开普勒的工作既不是形而上学或神学研究，也不是关于天界的自然哲学探讨，而是作为中间科学的天文学理论构建。在关于科学革命的研究中，一个基本的共识是哥白尼与开普勒的天文理论是反亚里士多德主义的，或者说是由新柏拉图主义所推动的。[2] 开普勒的智慧在于他对形而上学所持的一种类似实用主义态度：将自然哲学的形而上学断言作为理论辩护的工具，而不是像经院哲学那样仅仅为这些断言辩护。开普勒的论证模式是：因为宇宙和谐，哥白尼的理论反映了这种和谐，

---

1 ［美］杰米·詹姆斯：《天体的音乐：音乐、科学和宇宙自然秩序》，刘兵译，吉林人民出版社，2003年，第133页。

2 Steve Fuller. New Frontiers in Science and Technology Studies. Polity Press, 2007, p13.

所以，哥白尼的理论是可以接受的，可以沿着这个方向继续探索宇宙的真实结构。正是这种态度使近代科学得以诞生——借助于数学计算与实验观测，天文学、力学、光学等中间科学成为一种全新的自然哲学。

宇宙和谐之类的形而上学假定实际上是关于自然的超验的假定，其所发挥的是启示的作用。宇宙和谐既昭示了自然的秘密，又以其数学化的规律性表明它是可以为理性所表征和揭示的，因此，这一超验的假定具有神秘性与理性的双重特征。也就是说，宇宙和谐只是作为一个大的形而上学原则或启示法，而不是具体的依据和终极目标，具体的知识探索和理论建构则诉诸具体的理性分析。

开普勒的宇宙和谐确立了一种新的思维秩序，它不再是古典意义上的形而上学的绝对秩序，而是一种为人所选择的秩序。与当时的社会选择复兴柏拉图主义以挑战天主教神权类似，开普勒援引柏拉图的思想是为了赋予"神秘的宇宙"以某种可理解的秩序。因此，他对柏拉图自然哲学和形而上学持一种选择性的立场，在抽象肯定的同时不排除具体否定。一旦发现那些离奇的假说与观察不符，他就会将它们暂时搁置起来。特别是在接受了第谷的珍贵遗产之后，他开始注重理念与观察的结合。在实验观察方面，他最为重要的工作并非是完成了第谷未竟的《鲁道夫星表》（1627），而是发现了火星绕日的轨道是椭圆形（1604）。这是自柏拉图以来最为重要的天文发现，即便是哥白尼那样的伟人也毫无反思地接受了天体做匀速圆周运动的成见。这一成见被抛弃后，开普勒找到了较哥白尼体系更为简单的世界体系。

开普勒对天体匀速圆周运动说的处理是一个挤出形而上学冗余物的过程。不论是自然哲学还是科学，每一个理论中都蕴含着若干形而上学假定，由于这些假定往往是独断的，所以它们可能是理论得以发展的动力，也可能是使理论退化的根源。这其中的根本原因在于，关于自然的形而上学架构决定了自然哲学研究的本体论，而某种本体论一旦建立起来，就使得某些东西成为可以认识的，但同时会遮蔽另外一些东西，使它们无法得到认识。

在研究近代科学革命时，柯瓦雷将本体论视为一组原则——这些原则使可能事物与不可能事物区分开来，而近代科学革命的实质是"本体论的转换"。在亚里士多德的物理学中，他不仅通过"自然运动"和"受迫运动"的范畴之分将常识中的现象转换为他的自然哲学所研究的现象，而且为这种现象的转换提供了一种表达架构，将"自然运动"和"受迫运动"的区分嵌入一种物理实在的普遍概念框架之中。这个框架的两个首要原则是：相信每一种事物都有其特定的"本性"（natures）；相信存在着一个宇宙（Cosmos）。也就是说，相信存在着一些关于秩序的原则，根据这些原则，所有实在的存在物（自然地）形成了一个秩序井然的统一整体。在这种统一的和整体的宇宙秩序之下，所有事物都应以一种十分确定的方式分布和排列着，处于宇宙秩序之中的所有事物都将静止地处于它自己的位置——"自然位置"。[1]

文艺复兴摧毁了亚里士多德的综合，他的物理学和形而上学皆被人们所抛弃。直到 17 世纪之前，文艺复兴时期的欧洲都处于没有本体论的状态——没有任何标准能将可能事物与不可能事物区分开来。[2] 也正是这种情况，使得开普勒在消除形而上学冗余物时没有太多的顾虑。如果说形而上学架构或本体论是在已有知识和直觉的基础上形成的关于可能存在的事物和不可能存在的事物的区分，那么，这种断定投射在认识论上就是可思者与不可思者、可探究者与不可探究者的区分。在柯瓦雷看来，近代科学革命具有两个标志性的特征，即宇宙（cosmos）的解体和空间的几何化。在中世纪，宇宙（cosmos）

---

1 ［法］亚历山大·柯瓦雷：《伽利略研究》，刘胜利译，北京大学出版社，2008 年，第 10 页。
2 ［法］米歇尔·比特博尔、让·伽永：《法国认识论：1830-1970》，郑天喆、莫伟民译，商务印书馆，2011 年，第 174 页。

是一个和谐有序、层次分明的封闭世界。而开普勒的工作的意义恰在于，借新柏拉图主义解读宇宙的和谐，以空间的几何化瓦解了传统的宇宙秩序论。空间的几何化使一种各向同性的空间得以呈现，或者说使得各向同性的空间成为可思者和可探究者，空间中的存在者的数学秩序取代了原有的宇宙（cosmos）的整体秩序，宇宙被重新界定为时空中所有事物的总体，由此完成了从古典宇宙（cosmos）向现代宇宙（universe）的本体论转换。

在1609年出版的《新天文学》一书中，他提出了著名的开普勒第一定律和第二定律。开普勒第一定律断定：所有行星绕太阳运转的轨道是椭圆的，其大小不一，太阳位于这些椭圆的一个焦点上。开普勒第二定律指出：向量半径（行星与太阳的连线）在相等的时间里扫过的面积相等，即行星绕太阳运动是不等速的，离太阳近时速度快，离太阳远时速度慢。十年之后，他又出版了他最著名的著作——《宇宙谐和论》，书中进一步提出了开普勒第三定律。这一定律断言，行星公转周期的平方与行星和太阳的平均距离的立方成正比。开普勒对自己将行星运动简化为这样的秩序和规则十分得意，他将行星的运行速度喻为音阶上的音符，断定各个行星的共同运行能奏出只有太阳的灵魂才能听闻的"天体的和声"。在《宇宙谐和论》一书的序言中，开普勒不无自负地说："这正是我16年前就强烈希望探求的东西。我就是为了这个目的同第谷合作……献出了生命中最为美好的时光……赌注已经掷下，书已写就，读这本书的是当代或是后代子孙，我不在乎；也许要等上一个世纪，就像上帝等了6000年才为人们所发现一般。"[1]

自然的数学化使神秘主义和科学在开普勒那里得到了最好的融合，或者说，他所主张的数学化的形式本体论对各种本体论具有普

---

1 ［美］威尔·杜兰诗：《世界文明史：理性开始的时代》，东方出版社，1998年，第461页。

遍的调节功能。数学化的形式本体论的运用，使他能够更好地选择和界定所要研究的实在的范围。在《哥白尼天文学概要》一书中，他将天文学划分为五个方面：观察天象、提出解释所观测的表观运动的假说、宇宙论的物理学或形而上学、推算天体过去或未来的方位、仪器制造及机械使用。他认为宇宙论的形而上学对天文学并非必要，如果科学假说能够容纳在一种形而上学体系中，固然很好，但如果不能相容，那么，就得将这种形而上学体系抛弃，因为假说的唯一限制是它们必须是合理的，假说的主要目的是说明现象及其在日常生活中的用途。[1] 这表明，开普勒已经将实证等理性的思想引入科学，以规范科学假说、制约形而上学的泛滥。因此，当开普勒坚持天体贵贱观，主张整个宇宙是圣父、圣子、圣灵三位一体的形象和模式时，他自身并未将这些形而上学体系绝对化。

数学化作为科学理性原则是自然哲学嬗变为科学的出发点，数学化的形式本体论的引入实际上是用数学化的原则对理性事物和非理性事物进行划分。数学化的形式本体论对各种本体论的选择和调节作用表现在两个方面：主体间性和有效性。从主体间性的角度来看，数学的量化和形式化为具有不同信念的主体提供了普遍性的共识基础；从有效性的角度来看，作为科学理性的数学化原则不仅通过表征帮助我们解释自然、理解世界，还较其他形式的理性更擅长构建精确的行动方式。因此，一方面，自然哲学的数学化以主体间共识的可能性作为标准，帮助人们更好地界定实在的范围；另一方面，它使我们对世界具有更大和更精确的影响力和控制力，并使得有效性成为衡量各种理性及其对实在的认识的标准。

开普勒除了三大定律等实质性的科学贡献外，一个不容忽视的方面是他将因果性和量的分析方法引入了科学，这其中就体现了以有效性作为衡量科学理性标准的思想。开普勒的数的和谐论与亚里

---

1 ［英］斯蒂芬·F.梅森：《自然科学史》，上海人民出版社，1977年，第126页。

士多德的目的论的根本不同在于，开普勒引入了因果思想，他认为宇宙结构的深层次原因在于数的简单性与和谐性，对于自然哲学来说，数学原因的发现就是导向真理之路。因此当他建构出符合简单性与和谐性的假说时，他就认为这些假说揭示了真实的世界图景，即世界的真实特性就是在支撑感觉世界的数学和谐中捕捉到的特性。基于这种对因果性的理解，开普勒认为，真实世界是量的特征的世界，它们的差异只是数的差异；只有在真实世界里才能发现数的和谐，不符合这一根本和谐的那些可变的表层特性处于实在的较低层次上，并非真实的实在。[1]

就这样，开普勒为我们描述了一个简单的宇宙运动图景，在哥白尼的基础上阐释了太阳系如何运动这一与人类最为切近的天文学问题，为牛顿的万有引力理论的提出开辟了道路。同样重要的是，开普勒提出了这样一种知识观：一切确定的知识必定是关于它们的量的特征的知识，完美的知识总是数学的。这是一种本体论的转换，也几乎是全部近代知识论的注脚。

---

1 〔英〕E.A.伯特：《近代物理学的形而上学基础》，徐向东译，四川教育出版社，1994 年，第 54～55 页。

三、物理学数学化与真理之争

意大利科学家伽利略是一个跨越 16 世纪和 17 世纪两个世纪的科学巨人，他的科学成就今人皆知：从充满智巧的浮力小天平到比萨斜塔的传说，从摆的发现到用望远镜验证哥白尼的地心说，无不充满传奇色彩。他不仅以新物理学开启了近代物理学的进程，还为近代科学研究方法奠定了基础。

伽利略的力学或新物理学是对亚里士多德物理学的根本否定，与中世纪形成的反亚里士多德物理学传统有一定的关联。从广义上来讲，力学是探究各种形式的运动规律的科学，物理学的基本理论皆称为力学。亚里士多德的物理学主要致力于用"回归自然位置"之类的目的因研究，得出许多定性结论往往含混不清，甚至有很多臆造的成分。公元前 3 世纪的阿基米德、14 世纪的牛津学派和巴黎学派以及 15 世纪和 16 世纪的意大利学者，都曾经对亚里士多德物理学提出过诘难，并提倡运用数学和实验方法克服其缺陷。帕尔马的布拉修斯（Blasius of Parma）指出，数学是一门证明性科学，自然哲学考察的是无法证明的事物。而在他之前的格罗斯泰斯特就已经指出，物理学或自然哲学中的证明只可能是或然性的，它与确定的数学证明不同。罗吉尔·培根则强调，在自然哲学中，只有推理是不够的，必须用经验来确证证明；有相关经验伴随的证明才是可理解的，否则就无法被人理解。[1] 对亚里士多德物理学的批判使数学和实验方法有了很大的发展，甚至出现了与亚里士多德哲学分庭抗礼的冲力学派，但由于未能将两者加以结合，因而其研究最终未能走出目的论和定性研究的窠臼。

一般认为，伽利略在科学研究方法上的主要贡献是创立了数学—实验方法，将定量研究方法与实验方法相结合，通过第一性质与第二性质的区分，使近代力学得以初创，也为近代科学树立了一个可以效仿的典范。但如此概略的解读是相当含混的。特别是在谈到数学和实验方法时，一种常见的误读是伽利略继承了中世纪反亚里士多德传统对数学和实验方法的态度，即在自然哲学研究中，以数学为工具、以实验作为依据。实际上，伽利略之所以被称为近代科学之父，最重要的原因是他在人类思想史上第一次发展出了数学物理学的观念，即物理学数学化的观念。何谓物理学数学化？其基本立场是柏拉图主义或数学主义的，即存在或实在的终极本质是数学的。而伽利略的新物理学与亚里士多德物理学及中世纪物理学的最大区别恰在于它建立在柏拉图主义而非亚里士多德主义之上。

亚里士多德主义者和柏拉图主义者之间的界线非常清晰。柯瓦雷对两者的分野作出了精辟的阐述："如果有人宣称数学具有较高的价值，而且他还在物理学中并相对于物理学而赋予数学一种真实的价值和支配性的地位，那么他就是一位柏拉图主义者；相反，如果有人将数学视为一种'抽象'科学，从而相对于那些专注于实在事物的科学（物理学和形而上学）来说只具有较低的价值，尤其是如果他还声称要将物理学直接建立在经验基础之上，并且只肯赋予数学一种辅助的角色，那么他就是一位亚里士多德主义者。"[2]

---

1 ［美］爱德华·格兰特：《近代科学在中世纪的基础》，张卜天译，湖南科学技术出版社，2010年，第175～176页。

2 ［法］亚历山大·柯瓦雷：《伽利略研究》，刘胜利译，北京大学出版社，2008年，第318页。

　　就自然哲学或物理学研究而言，亚里士多德主义者显然更接近常识，甚至可以说是更"实事求是"，他们从经验实在出发，探究事物的性质和形式。但性质和形式很难数学化——特别是地球上的质料的形式不可能像天空中的形式那么精确，故虽然天文学可以数学化，但物理学却不可能。事实上也是如此，只要将研究对象确定为经验事物，从云朵的形状到一座城市的人口，这些经验实在既不规则也不精确。由于拘泥于经验事实，所以亚里士多德主义者虽然承认数学特别是几何化在抽象层面的精确性，但同时又认为，无法运用数学研究物理的或感性的材料。由于只能在抽象和模糊的层面上探讨一般性的范畴和定律，因此，他们不得不强调，不应该总是试图在自然事物之中寻求数学证明的必然性。

　　以颠覆亚里士多德传统为前提，沿着阿基米德和柏拉图的思想路线，伽利略试图从一种理想实在出发重建经验实在，这进一步推动了由开普勒开启的近代科学基础的本体论转换。他认定，终极的实在是数学或几何的存在，而物理存在是对几何存在的"摹仿"，"近似"于几何存在，故对于物理存在而言，数学定律是一些近似定律。由于具体的物理存在形状不规则，且因受质料影响而变得不精确，所以科学的研究对象只能是一般之物而非个别之物。在这一本体论转换的过程中，伽利略为近代科学的理性方法奠定了基础。他在拒斥了亚里士多德主义的"抽象"数学观（即将数学视为对经验事实的抽象）的同时，也消除了各种规则形状在本体论上的特权地位。在此基础上，他指出几何形式可以而且必须通过质料获得实现，由于几何形式与质料的同质性，所以真实的物体也具有几何形式，它们有可能不规则，但依然具有精确的几何形式。他认为，数学定律或几何形式反映了真正的实在，它们支配着物理学。

　　在落体和惯性研究中，他以真实世界中不存在的理想化的存在研究经验存在，让人们看到地上的运动如何服从于精确的数学定律。这使得质料不再是旧物理学中变化和性质的承担者，而成为新物理学中永恒不变的存在的承担者，地上的质料因此获得了与天界之物相同的地位。从哥白尼、开普勒、伽利略再到后来的牛顿，新科学的视野从天穹到地球又回到天穹，不仅实现了天文学与物理学的融合，更重要的是使自然呈现为一个同一的可为理性所把握的对象和实在。

因此，在伽利略眼里，自然比开普勒的所见更简单和有序，其任一进程皆存在规律和必然性。他认为，自然中的严格的必然性源于存在于自然中的根本的数学秩序：哲学被写在那本永远在我们眼前打开着的伟大之书上——我指的是宇宙……这本书首先是以数学语言来写的，符号就是三角形、圆和其他几何图形，没有这些符号的帮助就不可能理解它的只言片语；没有这些符号，人们就只能在黑夜的迷宫中徒劳地摸索。[1] 简言之，数学是自然的本质，也是发现的工具。有鉴于此，他试图将物理学的研究领域限定为对所谓"第一性的质"的研究。他认为，能够定量观测的物质的形状、大小、数目、地位和"运动"量等第一性的质（第一性质）是物体真实的客观性质；而诸如颜色、味道、气味和声音等是第二性的质（第二性质），仅仅存在于感知主体即人的心中。[2] 第一性的质和第二性的质的划分蕴含了主客二分这一基本的现代性观念：依照伽利略对第一性的质和第二性的质的划分，"真实的世界"被表征为物质在时空中运动的场域，为了获得对它的精确的认识，不得不以主体与客体二分为代价。

同时，伽利略并不是一位纯粹的柏拉图主义者。他坚持认为，自然哲学的争论应该是关于感觉世界的争论，其所力图说明的不过是感观所揭示的自然。对于伽利略来说，对数学实在的优越性的强

---

1 ［英］E.A. 伯特：《近代物理科学的形而上学基础》，徐向东译，四川教育出版社，1994 年，第 62 页。

2 ［美］约翰·洛西：《科学哲学历史导论》，邱仁宗、金吾伦、林夏水译，华中工学院出版社，1982 年，第 54 页。

调实际上是一种方法论的选择，从研究的目的上来看，他所关心的并非感觉经验是否低于自然的规定性（因为这已经作为自明的前提），而是如何通过感觉经验认识自然中内在的数量关系。由此，对自然的数量关系的把握就具体化为对自然物体的第一性的质的分析和研究了。具体而言，伽利略的方法分为三个步骤：直观解析、数学论证和实验检验。直观解析就是用数和形定量描述物理量和物理过程；数学论证就是运用数学方法对所研究的物理量进行研究，导出可以通过实验加以检验的数量关系；实验检验就是通过实验验证前一步所导出的数量关系。必须强调的是，在伽利略的科学理性方法论中，数学理论先于实验而不是相反——实验如果不是以理论为前提就谈不上对理论的检验——这种规定性主导着此后的精确科学的发展。

物理学数学化方法卓有成效，伽利略由此开启了近代静力学、弹性力学、运动学、天文学等领域的研究。他在落体定律、惯性定律、抛体运动、单摆等重要问题研究中取得了大量具有奠基性的成果；他的理想实验方法，极大地促进了惯性定律的发现，为打破"运动需要力维持"的成见和动力学的发展扫清了障碍；他的"运动不是一种变化，不会导致生长和毁灭"的思想直接影响到后世的机械论的静态宇宙观；他的物质可以分解成"无限小的不可分的原子"的思想无疑蕴含着分析还原的思想；他所提出的经典力学的运动的相对性原理后来成为爱因斯坦的狭义相对论的首先需要超越的前提。

借助物理学数学化与思想实验方法，伽利略推动了一系列本体论的转换，这些转换使以往物理学中的"未被思者"成为"被思者"、"不可思者"成为"可思者"。以抛射问题为例，由于它无法用空气填补虚空带来的推力加以解释，所以在亚里士多德物理学中是"未被思者"；中世纪冲力学派以这个问题为切入点指出，被抛射的物体先在被抛射前所获得的冲力作用下上升，直到冲力耗尽，然后在重性作用下下落，伽利略则通过垂直抛射这一思想实验将抛射和下落两个运动整合为一种运动。这种本体论的转换不仅使未被思者进入研究者的视野，还使此前的"不可思者"成为可思考与分析的对象。在亚里士多德的物理学中，地球运动问题是不可思考的问题。但在伽利略的相对性原理所构成的本体论中，地球的运动却变成了可思考的问题。一方面，他拒斥了亚里士多德对自然运动和受迫运动区分、"重"是一种内在于物体的性质的概念以及自然位置的观念；另一方面，他提出了运动的相对性原理。通过这一本体论转换，运动不再被构想为一个会影响运动物体的过程，而是被构想为物体之间的纯粹关系，地球的运动才随之成为可思者。

在物理学数学化的基础上，伽利略构建了一个全新的科学体系，但也因此导致了科学与宗教的激烈对抗。从现象来看，他对哥白尼学说不遗余力的鼓吹得罪了教廷。1609 年，当他听说荷兰眼镜商制造出了"望远镜"时，自己也研究制造出了一个。由于他对哥白尼学说很感兴趣，虽然没有像在运动学领域那样对天文学进行定量研究，甚至对开普勒三定律都不甚关注，但为了鼓吹哥白尼学说，他利用望远镜进行了很多定性的观测，如金星盈亏、水星卫星、月相变化等。1615 年，他由于支持哥白尼学说而受到罗马教廷的传讯，并被迫声明与哥白尼学说决裂。但他并未放弃自己的见解，先后撰写了《关于托勒密和哥白尼两大世界体系的对话》和《关于两门新科学的对话与数学证明对话集》等著作，通过对话的形式，系统地阐发了他的科学思想和方法论。

实际上，伽利略的思想与宗教观念间的关系比人们一般所认为的要复杂得多。尽管伽利略十分自由地运用了"自然"这一概念，但他与后来的诸多的科学巨人类似，具有十分明显的自然宗教情结。在他看来，上帝是一个能够熟练地构造、解析和论证数学必然性的几何大师——他用数学体制创造了世界，人与上帝的根本差别在于，上帝知晓无数的数学命题，而人知道少量的命题。因此，在那些我们能够洞悉自然的数学必然性的情形——纯粹的数学证明中，我们的知性在客观确定性上便等同于神性。基于这种自然宗教观，伽利略认为，上帝首先通过自然，然后才由启示，向人类显现其存在，即上帝更愿意在行动中，而不愿在《圣经》的神圣辞令中展示他自己。所以，对自然问题的讨论不应基于《圣经》之类的神圣权威，而应始于可感觉的实验和必要的论证，应依照科学发现而不是别的来解释《圣经》中值得怀疑的段落。[1]

伽利略与罗马教廷的真正冲突何在呢？或者说，教廷为何不谴责哥白尼而惩罚伽利略呢？最重要的原因在于，哥白尼回避了对"真实"运动的讨论，伽利略却强调新科学的体系是唯一的真理。哥白尼虽然将太阳作为宇宙系统的中心，但其最主要动机是为了简化对行星运动的数学表述。他指出，两个物体的运动是其中一个物体相对于另一个物体的运动，在对运动进行描述时，可将其中任意一个假设作为坐标的原点，这个假设不会影响所谓"真实"的运动，它对现象描述的有效性并不证明其在本质上是正确的。尽管伽利略接受了哥白尼的相对性假设，但在对新旧体系的比较中，他又表达出一种绝对主义：如果一个体系不能接受所有的现象，那么这个体系就是错的；同时，如果一个体系能以最让人满意的方式解释所有的现象，那么它就是正确的。他认为，在一个科学命题中，如果这个命题能解释所有特定的现象，那么人就不能也无须去寻找更高的真理。也就是说，哥白尼的日心说因其解释的充分性成为正确而唯一的真理，托勒密的地心说则是错误的，"真实"的宇宙的中心应该是太阳而不是地球。

真正使教廷感到受到威胁的正是这种绝对主义的思想，他们不希望看到经验科学中的这种绝对性替代宗教中的绝对性。当时，主教贝拉明等宗教领袖所关心的绝对性同经验科学无关，他们真正在意的是，在由人创造的宗教符号和形而上学符号所构筑的世界中，

---

1 ［英］E.A.伯特：《近代物理科学的形而上学基础》，徐向东译，四川教育出版社，1994 年，第 68～70 页。

人是中心，而人的灵魂体现在地球上，躯体安住在地球上，故地球是绝对的中心；任何科学理论只要不打算把大地从人的脚下抽走，那么都是站得住脚的。因此，在宗教审判中，他们希望伽利略认识到，在经验科学领域之外，还存在着另一个领域——宗教的符号化领域和形而上学思考的领域，后者关注对宇宙和世界的思考性诠释，体现了人同他的世界体验的整体性之间的关系。从贝拉明的角度来看，他试图让伽利略承认，哥白尼体系和托勒密体系是分属两个领域的并行不悖的假设。但这种调和最终以对抗和强制性压服告终。文艺复兴时期的形而上学真空加上那个时代特有的追求真理的狂热的精神促使伽利略强烈主张：有关世界的"真正的"体系已经被找到，哥白尼体系注定会取代托勒密体系。对真理的狂热追逐之心使伽利略不可能意识到，科学真理本质上根植于其方法，而经验性的现代世界观是将科学方法运用于外在世界的局部现象所获得的。[1]

历史在悖论中前行。回过头来看，从哥白尼的日心说到达尔文的进化论，科学与宗教的冲突的关键是一方或双方没有真正认识到，经验科学与宗教是两个不同的和本质上有限的解释体系。但历史的真实情况是，近现代科学的每一个进展，作为科学基础的本体论的转换，都会延伸到对世界的解释的形而上学层面。经验科学的知识本体化无疑有助于廓清科学发展的道路，但同时也产生了由"错置的具体所带来的谬误"，这种谬误即是现代性危机的根源。

---

1 ［美］E.沃格林：《革命与新科学》，谢华育译，华东师范大学出版社，2009年，第218～223页。

四、力学哲学与机械论解释

关于哲学对科学的影响，人们看法各异。尽管哲学对科学的真实影响往往是间接或迂回的，但哲学无疑会在一定程度上影响科学，即便"反对哲学"的当代著名科学家温伯格也承认："哲学家的观点偶尔也帮助过物理学家，不过一般是从反面来的——使他们能够拒绝其他哲学家的先入为主的偏见。"[1] 纵观科学的历史进程，哲学和其他文化思想观念的一些创新可能会成为科学理论突破的养分，但这种观念的传递绝不是刻意的安排和计划的产物，而是充满了各种偶然性和不确定性。

伟大的思想家往往用深刻偏颇的观念给世界带来独一无二的惊奇，在推动近代科学的伟大人物中，法国哲学家笛卡尔具有不可替代的历史地位。笛卡尔早年即对数学研究有浓厚的兴趣，后来又致力于将数学运用于新兴的力学和光学等研究领域。也许是受到开普勒和伽利略的工作的启发，他在 1619 年 11 月 10 日的深夜，转念间产生了一种奇特的来自"真理天使"的体验——他从这个神秘体验中获得的启示是，数学是解开自然之谜所需要的唯一的钥匙。在获得这一启示后几个月，他就发明了使代数和几何可以相互表达而合为一体的解析几何，这使他设想，可以进一步将物理世界还原为几

---

1 ［美］S. 温伯格：《终极理论之梦》，李泳译，湖南科学技术出版社，2003 年，第 132～133 页。

何世界。他认为，当物理学由数学来限定时，对自然的研究就能更好地进行；一旦物理世界中的运动被还原为纯粹的数量，数学自然就成为揭示自然真理的不二法门。

笛卡尔对于后世的巨大影响不仅在于其数学成就，更在于他将开普勒、伽利略等近代物理学中运用的数学方法提升到了方法论和形而上学的高度。在神奇科学甚嚣尘上的时代，笛卡尔的非凡之处在于，他以天才的智性和洞见指明了探究确定知识的道路。面对含混的目的论和有机泛灵论，笛卡尔认为具有理智的人类心灵可以获得确定无疑的知识，只要我们遵循一定的原则就能够获得它们。与培根的归纳上升的知识体系不同，笛卡尔认为人类的知识体系应该是从一般原理外推的演绎式的知识体系。在这个知识体系的顶端，有三个确定无疑的判断：我思故我在、上帝的存在和世界的存在。

文艺复兴时期盛行的泛灵论和有机论的自然观的基本信念是：自然是一个秘密，而人类的理性无法抵达这一秘密的深处。基于这个信念的神奇科学曾经盛极一时。笛卡尔则认为，自然界并没有潜藏深不可测的秘密，它对理性是完全透明的，人们完全可以通过理解消除疑问。[1] 在神奇科学及其自然观看来，心灵与物质，精神与身体是不可分割的统一体，在每一物体中最终的实在是具有心灵和精神特征的活的要素（与亚里士多德的"形式因"类似）。

为了扫除神奇科学和自然观的形而上学前提，笛卡尔提出了著名的心物二元论思想。他指出，除了上帝这一最高实体之外，一切实体都是由截然二分的心灵和物质两种实体构成的，人们只能通过属性来认识实体，每个实体都有特殊的属性——思想是心灵和自我的本质属性，物质的本质是具有广延性（可以简单地理解为空间的

---

1 ［美］理查德·S.韦斯特福尔：《近代科学的建构：机械论与力学》，彭万华译，复旦大学出版社，2002年，第31页。

延伸性）——心灵通过纯粹的思想活动来表征，只有借助广延的观念我们才能把握物质。虽然笛卡尔仍然将上帝置于最高的实体，并称心灵和物质皆依靠上帝而存在，但他只是顺从经院哲学的说法而已，并未给出进一步的论证。根据笛卡尔对实体的定义，心灵和实体不依赖除了上帝之外的他物而存在，又由于思想没有广延、广延不能思想，故两者相互独立，且无相互作用。这样一来，物质就成为独立于心灵存在的实体，上帝几乎被虚置，科学只需要对物质本身发问，而无需与所谓无所不在的心灵、灵魂相纠结。对此，历史学家沃格林曾指出："笛卡尔对广延性的物质化使宇宙中空间的无限性具有了物质及其机制。宇宙世界的存在中就没有奥秘可言了。在最深奥之处，宇宙世界也只是被理解成物质的构造，而且上帝确实不能再进行他的创造了。如果新科学所揭示的自然就是自然的本质，那么确实也不需要有关上帝的'假设'了。"[1]

笛卡尔抛弃了亚里士多德的物理学和神奇科学有关世界充满活力与灵魂的主张，强调物质与精神的严格区分，以物质的运动作为科学解释或说明的基础，为科学提供了一种全新的机械化的世界图景。他认为，物质实体不存在内在活力，一切物理实体与物理现象都起源于物质的运动和物质之间的相互作用，应该以此作为科学的基础。

如何研究物质？用什么方法去研究？人们很容易想到物质就是我们所感觉到的世界。对笛卡尔来说，自然哲学亦即我们今天所说的科学所全力以赴的确实是可以感觉的物质世界。但是他的创见是：从事这一活动的正确方法必须在根本上不依赖于感觉经验的可靠性，由于感观往往充满模糊和混乱，要寻求世界中所蕴含的奥秘和原则——自然规律，所依靠的不是感观的偏见，而是理性的光芒，这样我们所寻找到的原则才具有无可怀疑的正确性。更进一步而言，

---

1 ［美］E.沃格林：《革命与新科学》，谢华育译，华东师范大学出版社，2009年，第228页。

物质实体和心灵实体的二分与第一性质（第一性的质）与第二性质（第二性的质）之分有关，而这种这些区分与他主张的唯理论的方法论密切相关。

依照笛卡尔的唯理论的方法论，科学研究的对象是物质实体，鉴于感觉具有虚幻性——属于与物质实体无关的心灵实体，科学研究必须首先在方法上放弃经验主义，科学发现的方法本质上是理性的和概念的，即以抽象的、数学化的特征——形状、广延、运动等无法由心灵加以分析的第一性质——物质所固有的性质为研究对象。至于颜色等第二性质就被列为心灵实体的感觉虚构。显然，这样的区分并没有必然性，实际上，笛卡尔自己也难以说明我们凭什么相信基本的几何特性和运动是物质所固有的，而颜色之类的第二性质则被视为心灵实体虚构的产物。笛卡尔的辩护是第一性质比第二性质更持久，但笛卡尔的标准与其说是持久性，不如说是数学处理的可能性。[1] 与伽利略一样，笛卡尔认为物质实体只有用数学术语和概念才能加以描述，显然，第一性质与第二性质相比更有利于数学分析和处理。至此，我们可以看到，所谓哲学的本体论，不过是一些为方法而辩护的本体论承诺。数学方法的合理性并不是哲学本体论的必然结果，实际的情况恰恰相反：笛卡尔是为了倡导数学方法而引入了物质实体与心灵实体、第一性质与第二性质之分——因为通过引入新的本体论可以让曾经的"不可思者"变为"可思者"。

笛卡尔的方法的利剑开启了人类认知的新视界，力学哲学和机械论的世界图景随之产生。力学哲学又称机械论自然哲学，其基本命题是：世界是一部机器，它由遵守惯性原理的物体构成，按自然规律运动，与各种心灵或思维实体无关。惯性原理是指物质运动是一种状态，只要没有外部作用来改变它，运动就会继续下去。因此，

---

1 ［美］E.A.伯特：《近代物理学的形而上学基础》，徐向东译，北京大学出版社，2003年，第91～96页。

在力学哲学的自然观中，物质的生命力来自惯性原理。他还指出，通过碰撞，运动能从一个物体传递给另一个物体，但运动本身是不灭的，即系统的总动量守恒，这一思想已经十分接近动量守恒原理了。

笛卡尔将广延和运动视为构成世界的基本量。他声称：给我运动和广延，我就能构造出世界。与伽利略一样，他将物质等同于容积。他认为物质在空间中无处不在，依照自然规律，原始物质通过广延和运动发展成为我们所处的世界。由于笛卡尔的宇宙是一个充满物质的空间，每一个物体的运动都必然是向另一运动物体所腾出的空间的移动，故而每一种运动都是圆形的。因此，宇宙就成为一个充满无数涡旋的世界。

笛卡尔运用涡旋理论解释了宇宙的演变：宇宙从一开始就是一个庞大的涡旋，原始物质随着涡旋而转动，因摩擦而逐渐损耗，由此产生了三种物质要素，它们的运动导致了整个宇宙的存在和演变。涡旋对肉眼可见的天体现象进行了力学描述：太阳系处在巨大的物质涡旋之中，各种涡旋造成的离心倾向的动力学平衡使行星轨道得以确立，而且还可以运用涡旋解释各大行星的轨道为何位于大致相同的平面上，以及为什么行星距离太阳越远速度越慢。同时，笛卡尔还用涡旋运动的离心现象解释了重力，并指出环绕每一个物质团会形成次一级的旋流。作为自然哲学，笛卡尔的力学哲学的抱负是解释宇宙中的所有现象。他试图用遍及整个涡旋的离心压力解释光的传播和光的颜色，他尝试证明了光的反射定律和折射定律，并用微小粒子的运动解释了磁现象。

笛卡尔的力学哲学的开创性意义在于，它将宇宙中的事物解释为物质运动的结果。诚然，在涡旋这种机械论的解释模式中，引入了很多模糊、含混和独断的概念和构想，没有也不可能对行星轨道的细节之类的问题进行精确的探究。在今天看来，其意义更多地在于打破了亚里士多德传统和神奇科学对物质世界的心灵或活力论解释。值得指出的是，笛卡尔所追求的不是对现象的进一步探究，而是用机械论对自然进行演绎解释，或者说通过构想一系列的因果联系来重新解释已知的现象。以磁现象为例，他所关注的不是磁现象的细节，而是力图证明磁现象可以用机械论来解释。

笛卡尔与亚里士多德传统和神奇科学的根本对立在于，他运用物质的机械运动来解释包括有机现象在内的整个世界，而亚里士多德传统和神奇科学则用有机论乃至泛灵论看待整个世界。笛卡尔之所以倡导这种自然观的根本性革命，是因为他坚信，物质世界的本质与我们对它的感觉远非完全一致，在探究世界的本质时，人的理性的作用远远胜过感性，唯有运用理性才能把握世界的本质。从方法论上讲，笛卡尔的方法是一种二元论思想，简单地说就是将所有事物划分成对立的两类，如物质实体与心灵实体、第一性质与第二性质，等等。其实，笛卡尔的本意并非推进经验科学的发展，而是出于形而上学的目的——揭示出可以感知的物体实在背后的机械论的世界图景。

对于科学而言，笛卡尔的伟大之处在于，一方面，他通过物质实体与心灵实体的二分将灵魂、生命力等非物质解释排除在外，心灵不再作为解释世界的原因；另一方面，他又超越了经验论的方法论，使心灵与理性功能相联系，赋予主体以"我思"为内核的主体性——人因为具有理性和纯思维能力而使自己成为他所面对的纯物质世界的主人。进一步而言，笛卡尔对主体性和纯思维的主张使伽利略—哥白尼天文学革命中所渗透的精神第一次得到了揭示和彰显。从表面上看，日心说不过是参照系从地球到太阳的变化，其意义远不止于发现了日心这一具体的新的视角，而是这种主体选择视角的过程本身——它使人们对世界的认识超越了习以为常的经验。简言之，是笛卡尔揭示了哥白尼革命的精神实质在于：主体必须超越经验，使自己成为纯思维，才能透视世界的本质！显然，这种主张恰好迎合了当时兴起的探究自然的普遍旨趣，它不仅收编了中世纪服务于经院哲学的论证，还进一步为伽利略对世界数学化的理性重构进行了有力辩护。笛卡尔的工作使理性在神启、理性和经验这三种主体的认知方式中获得了最高的地位：理性使人成为主体，正是主体对世界的理性重构推动了近代科学的发展，也使人开始成为自然界的主人。

第二章 从能动者的自然到现象技术

　　科学是人的认知方式在近代的一次再发明，它将对世界的理解与对世界有目的的控制融为一体，技术性因此内置于科学，现代科技由此发端。由此，必须深入思考的一个问题是，内置于近代科学的技术性何以肇始并为人们所接受？首先，这是一个文化实践层面的选择过程：基于泛灵论的能动者的自然观的神奇科学虽然没有生长出近代科学，但它的两个要素——目的性和控制却被保留了下来，并最终被现代科技所继承；基于一神论传统的自然的法术却以自然律为中介赋予主体以基于知识的权力，人因此拥有了发现、服从并支配自然的力量，技术性或技术化的现代科学由此拥有了世俗的合法性，人类中心主义思想亦缘起于此。其次，这是一个科学摆脱形而上学而又自然哲学走向现象科学与现象技术的过程：牛顿仅仅以保留"第一推动"这一形而上学冗余为代价，通过客观性这一人为设定的思维秩序，将其实验哲学发展为现象科学——一种以把握事物之间的量的关系来控制科学可以把握的现象物的科学；而对现象层面的量与各种关系的把握必须建立在基于仪器的测量与实验之上，因此，科学所揭示的实在最终依赖于可以通过技术呈现出的现象——或者说，科学不是发现现象，而是构建现象，因此近现代科学的实质不仅是现象科学也是现象技术。最后，透过量子纠缠等案例，可以看到，即便是思想实验实质上也并非基于对自然的先验直觉或理性洞见，而是现象科学与现象技术在思想层面的理想化构思与预先运作，既有助于从理论上揭示尚未认识到的世界的可能性与必然性，也是进一步的技术实现的先导。

一、能动者的自然与神奇科学

今天，我们眼里的自然无疑是一个物质的世界，但在中世纪及其后的文艺复兴时期，人们眼里的世界与现在大不相同。在天体的运动和地球上的宏观物体的运动开始得到定量研究时，人们对于世界的微观机理的了解依然十分肤浅。当时普遍存在的看法是，世界是一个由灵魂、活力等精神力量支配的有机的自然。这种自然观一般被称为生机论和泛灵论的自然观，由此所看到的自然是有机的自然，或者说是一个充满了作用者或能动者（agent）的自然。

能动者的自然图景是由人类的思维方式决定的。人们在认识未知世界的时候，显然只能依据已知的知识进行推断，而当所探索的东西并非直观所及时，就只能试探着用隐喻或比附来理解它们。能动者的自然的思想源自先民对世界的泛神论思想，其实也可以说是人通过想象将世界拟人化了。当时，完全为环境所左右的人们，一方面惧怕自然的粗暴与无常，另一方面又惊诧于自然的精致与奥妙，所以这种拟人化的结果是自然的妖魔化和精灵化。在那个时代，自称能够与这些鬼魅对话的巫师既是科学家又是工程师和医生。在这些思想的影响下，相信理性的哲学家虽然抛弃了形而下的巫术，却在形而上的学说中坚信世界有其灵魂，是一个活的机体。在整个中世纪，占主导地位的自然观是亚里士多德的自然观，它兼有唯理论和生机论的观点[1]。亚里士多德在解释行星运动时曾指出，我们应当认为它们部分地享有生命和积极性。这样一来，人们似乎就可以把行星看成某种活的机体，甚至用喜怒哀乐之类的症状来解释行星的奇异行为。

能动者的自然的思想在中世纪之后仍然有巨大的影响。连亚里士多德的反对者布鲁诺也十分乐意给星辰赋予灵魂，他认为"万物在自身中有灵魂，而且有生命"。[2] 能动者的自然观在文艺复兴时期的表现形式是自然主义泛灵论。在这种思想的指导下，从 16 世纪到 17 世纪初，人们认认真真地研究了物质背后的灵魂与活力，这使得那个时代的科学家带上了隆重的魔法师的色彩。海尔蒙特最喜爱谈论的论题之一是感应膏药，用这种膏药治伤时，不是直接用于伤口，而是用在使人受伤的武器上。当时，这些"科学家－魔法师"认为，膏药可以安慰武器上的血，并通过交感作用传导到伤者的血中，以达到治疗效果。[3] 以对磁体的研究闻名于世的英国御医威廉·吉尔伯特指出，整个宇宙都是有活性的，地球和所有的星体从一开始就服从它们自己被委派的灵魂的管理，并且具有自我保存的动机。

能动者的自然图景导致了神奇科学的产生。自然有机论的思想在文艺复兴时期是主流的自然观，即便是热衷于制造飞行器的技术天才达芬奇也对此深信不疑。他指出："我们可以说地球有着生长的灵魂，它的肉体是土地，它的骨骼是岩石结构……它的血液是湖泊……海水的涨落是它的呼吸和脉搏。"[4] 在此氛围下，占星术、魔术、炼金术、通灵术等十分盛行，当时被称为神奇科学。

---

1 ［荷］R.霍伊卡:《宗教与现代科学的兴起》，邱仲辉译，四川人民出版社，1999年，第 69 页。

2 北大西哲史教研室，《西方哲学原著选读》上册，商务印书馆，1981年，第 325 页。

3 ［美］理查德.S.韦斯特福尔:《近代科学的建构》，彭万华译，复旦大学出版社，2000 年，第 29 页。

4 ［英］约翰.H.布鲁克:《科学与宗教》，苏贤贵译，复旦大学出版社，2000 年，第 124 页。

神奇科学在现在看来是十分荒谬的，但是神奇科学对实用目标的追求、对经验观察的重视以及对自然孜孜不倦的探究精神，却使它们成为现代科技的先声。神奇科学的一个主要代表人物是瑞士人帕拉塞尔苏斯。他认为，科学的对象存在于自然事物之中，科学要研究的是从自然事物发出的隐秘的力量，找出辨认和控制它们的方法。他还指出，真正有用的科学是能够控制自然物的魔术，而不是思辨的自然哲学。帕拉塞尔苏斯给炼金术下的定义是：把天然的原料转变成对人类有益的成品的科学，包括化学工艺和生物化学工艺两个方面。在他看来，冶金工和厨师所从事的都是炼金术士的工作，一切物质都是活的并且自然生长，而炼金术士的工作就是加速或改造这种天然过程。值得指出的是，由于帕拉塞尔苏斯的活力论竭力主张人是一个自主的小宇宙，在精神上是自由和自主的，这种思想与路德的日尔曼宗教改革思想颇有共鸣之处。因为在路德看来，人获得拯救的不二法门在于他的精神信仰，而非如加尔文教派所称，由上帝从外部赋予人以命运。[1] 他的医疗化学体系因此在日尔曼地区享有盛名，使他赢得了"化学中的路德"的称号。

从某种角度来讲，神奇科学提升了技艺在人类知识架构中的地位，这无疑是对亚里士多德自然观与知识观的反叛。因为亚里士多德等认为，人的技艺是不能与自然匹敌的，因为自然界的事物是由自然物的同类"繁殖"产生的，而"繁殖"这种行为意味着任何东西只能由同类产生，自然物是更老的自然物的后代，人无处插手。因此，人的技艺只能通过模仿自然，构造出不甚完美的事物。神学家们则更进一步，他们认为人不仅无法凭借技艺与大自然竞争，而且控制自然的企图是对神的特权的冒犯。然而，热衷于神奇科学的"蹈火的哲学家"并未理睬这些断语和指责，坚信对大自然的模仿可以达到完美无缺的程度，甚至能够加速自然的进程。从另一个方面来看，

---

1 [英]斯蒂芬.F.梅森：《自然科学史》，上海人民出版社，1977年，第214页。

由于神奇科学所持的主要世界观仍是有机论自然观，所以这种叛逆必然是不彻底的。这种内在的悖逆使神奇科学成为充满神秘主义和异想天开的盲目性的活动。正因为如此，神奇科学成为历史的过客，而未能从中生长出近代科学。但是，神奇科学的两个要素——目的性和控制却被保留了下来，并最终被现代科技所继承。

在炼金术等神奇科学传统中，人类试图与各种超验的能动者交流与互动，并与之分享控制自然的能力。新教神学家们继承了能动者的自然所体现的超验的世界图景，并将这种异教的宇宙图景中的神秘的能动者纳入他们构想的具有超验理性的世界图景之中："根据新教宇宙论，上帝通过自然来进行工作，根据他有意识设计的、规则的自然律来运作，因此自然律是确定的、不可改变的、必然的和彼此协调的。既然上帝的无限权力被设想为是通过有规则的途径来实现的，并反映在世界的日常事件中，因此人们相信井然有序的世界能够被科学家热情洋溢地进行研究，这些科学家借助于他们的经验的帮助，试图发现自然现象的原因与规则。新教神学的宇宙论原理（把上帝与自然现象及其定律联系起来）提供了研究自然界的宗教动机与合法理由。"[1]

这种一神论的世界图景为科学提供了一种必然性与规律性的形而上学基础，世界因此成为可认知和可操控的必然性的世界。一方面，上帝通过具有普遍性与必然性的自然律显示其无远弗届的力量，并以此完全消除神奇科学的世界图景中各种具有特殊性与偶然性的能动者，人可以通过对自然律的探寻获得对世界的必然性的认识；另一方面，自然律这一元概念本身不仅意味着世界具有某种存在且可认知的必然性，还表明世界在本质上具有从全局到细节的可操控性，人可以通过对自然律的认知获得有目的地操控世界的知识。反观神奇科学的泛灵论的世界图景，杂多的能动者之间的冲突使世界处于

1 曹天予：《20世纪场论的概念发展》，上海科学教育出版社，2008年，第3页。

变动不居的偶然性的迷雾之中，人们难以把握其实质，即便可以干
预某些细节，也无法对其进行普遍有效的操控。当然，人与上帝的
差异使人对自然律的认知与运用存在一些难以逾越的困难。在一神
论语境中，这一困难可以解释为上帝对人的理智设计中不可或缺的
缺陷；在形而上学层面，则是所谓横亘于物自身与现象、自在的自
然与为我的自然之间的形而上学的鸿沟。

二、知识即权力与自然的法术

　　思想巨匠的非凡之处在于，他们的目光能够穿越历史长河，看到人类社会的发展路向。今天，我们身处科技时代，生活于一个科技社会之中，而这一切早在近 400 年前，就为英国近代哲学家、思想家弗兰西斯·培根所揭示。在培根之前，注重理论理性的科学与重视实践理性的技术是分离的。科学与其他知识的作用仅限于发现和探索真理，并最终用思辨来衡量理论的高下。这就是自古希腊以来知识阶层对知识的态度，即所谓理论理性的传统倾向。亚里士多德在《形而上学》一书开篇时就写道，人的本性就是求知。后来又说，理论性的知识比起生产性的知识更有智慧。在那时，科学的前身自然哲学与技术的前身技艺的地位相差悬殊。在柏拉图主义者看来，自然哲学是对真知的回忆，而技艺则是些人为的有碍于追求真知的活动。培根对此不以为然，他一针见血地指出，这一成见使知识状况变得极不景气。他认为，在所有能够给予人类的利益之中，我发觉就改善人类的生活而言，没有一个像新技术的发明、才能和商品那样重大。

　　培根之所以发出这样的感慨，与他身处的时代有关。培根所在的时代是文艺复兴时期，当时的主流思潮是倡导积极的生活，希望通过主观的努力显现出作为主体的人的巨大潜力。但是，在这个刚刚走出以神为中心的中世纪的时代，人们对自然奥秘的揭示仍然十分谨慎。巨人达芬奇曾认为，他之所以研究自然，是想显示人的力量，而不是希图改变自然。如果后人严守达芬奇的立场，今天的科学可能只是一种智力游戏，而不会有什么实用的价值。

比达芬奇更为深刻的或更具历史影响力的是，培根看到了人的权力意志，看到了人类希望改变环境和控制自然的欲望和可能性。也许是长期身处高位的缘故，他敏锐地发现了文艺复兴精神中对权力和欲望的追逐：人通过世俗的努力从自然获取无穷无尽的财富。同时，他也找到了获取自然宝藏的方法：通过科学与技术的联姻，将科学知识投入实用之中。这显然是对于中世纪对知识的极度扭曲的强烈反弹。他认为，科学之所以未获得长足进步的一个重要原因是传统的求知目标本身就不正确。

为了超越传统的知识观造成的人在自然面前的弱势地位，培根为文艺复兴作了一个野心勃勃的注脚：恢复和颂扬人本身、人类的力量和对宇宙的统治权。他宣称，包括自然科学在内的一切知识的效用都是力量，是通过有用的发明改善地球上人类生活的力量。在《伟大的复兴》、《新工具》等著作中，他雄辩地指出，科学规律的发现，不仅使人类在思想上得到真理，而且能因此在行动上获得自由；而科学真正合法的目标就是给人类社会生活提供新的发现和力量。究其原因，培根指出，人的知识和力量结合为一，因为原因如果没有知道，结果也就不能产生。在他看来，在思考中作为原因的知识，在行动中便构成规则。

"知识即力量"是培根对知识的价值与功能提出的最概括、最切要的箴言。"力量"一词的英语原文是"power"，有"权力"之意。培根之所以对知识作出这样的定位，是因为他认为，人应该凭借知识恢复亚当偷食禁果而堕落人间时失去的对自然的统治（这显然是一种基督教文化背景下的隐喻）。由此，他将中世纪及文艺复兴时期流行的神奇科学重新诠释为自然的法术。他认为，人对自然的统治，不是狂妄的僭越，而是恢复神所赐予的对创造物的统治权。在他看来，亚当和夏娃被逐出伊甸园后，受到了双重伤害：失去了清白和对创造物的统治；但所失去的这两个方面在现世中都可以部分地恢复，前者靠宗教信仰，后者靠技艺和科学。培根的二分法无疑是高明的，技术和科学因此变成了宗教的同盟军，同时，对自然的征服成为所谓最清白和最有价值的征服。

由此，培根指明了人通过自然的法术获得其主体性的三部曲：质询自然、服从自然、支配自然。而且，这一过程应该是可操作的：首先，探索自然的内部，发现其规律；然后，依据规律对自然进行干预，并使自然处于一种可操控的状态。他认为，探索自然的内部就是对自然的质询和逼问，其方法就是可重复性受控实验。他以十分男权主义的征服式口吻形象描述了这一方法：她（自然）在漫步的时候，你不是跟随而仿佛是在追逼着她（自然）；那么如果你愿意，你就能够指引和驱使她再次来到同一个地方。由此而获得的科学知识显然是可操作的知识，其实质是技术性的，进而易于推广为技术应用；在技术应用中遵循这些知识，就能够实实在在地支配自然过程。如果说这是一个技术科学化的过程，那么它首先应该是一个科学技术化的过程。正是在这个意义上，我们可以理解培根所声称的"技艺战胜自然"的意涵；也是在这个意义上，培根的思想预示了技术与科学融为一体的历史大势，而这一趋势是由以下文将讨论的实验哲学对现象自然的研究所开启的。

培根的思想使人们认识到主体的力量，但他所称的主体之所以能够作为自然的支配者，是因为人被视为所谓神的优先创造物——人是上帝按照神的样子创造出来的，加之人通过知识而使其对自然的主宰权得到重申——这无疑是西方文明中人类中心主义思想的重要来源。在培根的倡导下，英国科学家和产业界人士在无形学院的基础上成立了皇家学会，自此科学与技术获得现代国家和产业的支持而成为一种社会建制。经典物理学在力学、热学和电磁学上的发现，使科技的力量成为人类迈向现代化的引擎，与之相伴随的交通与通信的发展使人逐渐获得了全球性的控制力，这似乎使人们对其作为自然主宰的信心不断得到加持，启蒙理性与进步主义成为 18 世纪到 20 世纪上半叶的主流观念。对此，科学史家丹皮尔站在历史的高度写下了一段意味深长的话："随着人们的思想，从一个时代向另一个时代前进，在怎样解释宇宙的问题上，机械论与唯灵论此起彼伏，轮番更迭，有如脉搏跳动。到现在为止，这种转换对于认识的全面发展似乎是必需的。每当科学有巨大的进展的时候，每当一新领域被置于自然律之下（人们现在是这样看待这种过程的）的时候，人类心灵由于不可避免地夸大了新方法的力量，总以为马上就可以对宇宙提出完备的机械论解释了。"[1] 这种科技乐观主义的思想——科技至今是已实现或正在努力实现现代化的民族国家的主流意识形态，也就是哈贝马斯所说的"作为意识形态的科学技术"。

18 世纪和 19 世纪关于宇宙、地球和生命的演化的研究对人的主体性意识带来了看似相互逆悖的影响。一方面，地质学革命与达尔文的进化论等宏观演化规律的发现，极大地增强了人们用科学彻底解释生命现象的信心。这在恩斯特·海克尔的《宇宙之谜》中表现得尤为突出。他提出了一种一元论哲学，认为无机与有机世界是统一的，生命是由无机化合物经过自然发生的过程产生出来的，而心灵活动也是完全由物质变化决定的，人的心灵只不过是脑细胞心灵功能的总和。他宣称，全部宇宙，包括人类及其心灵在内，都受到质量守恒与能量守恒等自然规律的支配。另一方面，宇宙、地球与生命的演化学说特别是进化论的出现，使人作为上帝优先创造物的优越地位不再。恰如德国人类学家 M. 兰德曼（Michael Landmann）所言："正如对于哥白尼来说，人只不过栖居于宇宙中的某一点上，对达尔文主义来说，人只不过构成普遍的有机进化过

---

1 [英]W.C.丹皮尔：《科学史》，李珩译，商务印书馆，1975 年，第 421 页。

程中的某一转变点。"[1] 面对化石分析、碳同位素年代鉴定等现代科技手段，曾被作为特殊的创造物的人无可辩驳地降格为动物的一员。

然而，现代化所带来的世俗化不但很快地消解了这种主体性失落，还使得竞争、创新和功利主义等观念成为现代社会基本的主体性意识。大多数建立在现代市场经济之上的现代民族国家希望人们意识到，人之所以有今天，乃是不断变革和不断创新的结果，而变革和创新所仰赖的现实的力量就是对目的性和控制有着不懈追求的现代科技。1945 年 7 月，美国总统的科学顾问 W. 布什提交了著名的科技政策报告——《科学——无止境的边疆》。报告明确指出：科学进步是，也必须是政府的根本利益所在。没有科学进步，国民健康将会恶化；没有科学进步，我们无法指望改善生活水平或增加公民就业；没有科学进步，我们无法维持我们的自由。

自 20 世纪中叶以来，环境、能源、气候暖化等全球问题使人们意识到将知识作为主体控制自然的权力依据的危险性。增长的极限、无恰当规制的市场经济带来的生态危机以及科技的风险与不确定性使得人们开始反思科技活动的责任。在转基因等涉及人的后果不明的科技创新中，即便是没有宗教背景的人也不得不严肃地思考"人能不能扮演上帝？"之类的问题。面对核战危机、信息沉溺、隐私终结等科技时代的挑战，人们不得不诉诸伦理的省思。在科技时代，人不再仅仅是在世界中的存在，而且已经成为在技术环境中的存在，人既是包括自身在内的所有存在的唯一可能的守护者，也应该成为善用科技创新以保全所有存在的新主体。

---

1 ［德］米夏埃尔．兰德曼：《哲学人类学》，上海译文出版社，1988 年，第 85 页。

三、从现象自然到现象技术

从哥白尼开始的科学革命在牛顿的实验哲学那里达到了顶峰，牛顿在《自然哲学之数学原理》一书中不无骄傲地表达了新科学相对于形而上学的自主性。在该书最后的《总释》中，他再次简述了他最重要的发现万有引力定律之后，却坦白地承认："但我迄今为止还无能为力于从现象中找出引力的这些特性的原因，我也不构造假说；因为，凡不是来源于现象的，都应称其为假说；而假说，不论它是形而上学的或物理学的，不论它是关于隐秘的质的或是关于力学性质的，在实验哲学中都没有地位。"[1]

牛顿所说的实验哲学是自然哲学经历科学革命洗礼后的产物。剑桥大学三一学院院长罗杰·科茨在为《自然哲学之数学原理》第二版撰写的序言中指出，研究自然哲学的人大致可分为三类。第一类人从事物中归结出若干种形式和若干种隐秘的特质，并据此认为各种个体现象是以某些未知的方式发生的；源于亚里士多德和逍遥学派的经院哲学都以这一原则为基础，坚持用事物的本性解释其效应，但却说不清这些本性从何而来，等于什么也没说。他们完全醉心于替事物命名而不探讨事物本身，他们全部的发明在于谈论哲学

---

1 ［英］伊萨克·牛顿：《自然哲学之数学原理》，王克迪译，陕西人民出版社、武汉出版社，2000年，第614～615页。

的方法却没有给人以真正的哲学。第二类人放弃了那些无用而混乱的术语，致力于较有意义的工作。他们认为一切物质都是同质的，并将物体形式的表现变化归因于其组成粒子相互间非常明显而简单的关系。虽然这种由简单到复杂的研究方法无疑是正确的，但由于他们任凭想象自由驰骋，诉诸各种臆造与猜测，以虚构的假说作为其思辨的基础，因而最终无法揭示出事物的真正结构。第三类人则崇尚实验哲学。他们固然从最简单、合理的原理中寻找一切事物的原因，但他们绝不把未得到现象证明的东西当作原理。他们不捏造假说，更不把它们引入哲学，除非是当作其可靠性尚有争议的问题。他们的主要研究方法是综合和分析：由某些有选择的现象运用分析推断出各种自然力以及这些力所遵循的较为简单的规律，由此再运用综合揭示其他事物的结构。[1]

牛顿就是这一类人的典范。在牛顿看来，在实验哲学中，先从现象推导出来的特定命题，再用归纳方法加以推广；对实验哲学家来说，能知道引力的确存在着，按他们所解释的规律起作用，并能有效地说明天体和海洋的一切运动，就已经足够了。如果说实验哲学依然是一种自然哲学，那么问题是，作为其研究对象的自然是哪一种意义上的自然呢？

莱布尼兹的物理学几何化和笛卡尔将新物理学建构成广延性科学对于廓清实验哲学的研究对象起到了重要的作用。莱布尼兹主张，将几何学和运动论归为一类，把位置和运动当作几何或数学问题加以处理，由此得到的自然图景成为一个在相对运动中可以计算的次序。然后，他又将用于解释这些可计算的次序的超越数学的"形而上学"的普遍原理划分为另一类研究，并认为这些原理可以用力的概念加以表达。在引入了力的概念之后，莱布尼兹对基本

---

1 ［英］伊萨克·牛顿：《自然哲学之数学原理》，王克迪译，陕西人民出版社、武汉出版社，2000年，序第5～6页。

力（vis primitiva）与衍生力（viv derivativa）进行了区分。他认为，基本的力是一种本质性的力，属于"普遍原因"，但普遍原因对于解释现象来说是不充分的。衍生力则是由物体间不同方式的相互作用（conflictus）而对基本的力施加限制而产生的，也就是说它是一种现象力，即可以根据它同其他力的关系而确定的力。一旦做出了这样的定义，普遍原因、本性等关于力的绝对性的问题就被消除了，力学或新物理学就简化成了对现象力的研究，这些研究所探寻的目标或呈现的结果就是现象的自然。[1]

现象的自然就是牛顿时代的实验哲学所选择的研究对象，可以简单地将其理解为对于存在的关系的量化研究，而其基本的架构就是空间与时间；或者说，在经典物理学中，现象的自然即时空中的具有各种关系的存在的集合。耐人寻味的是，虽然时间和空间的概念对于现象的自然而言具有基础性作用，但牛顿所引入的绝对时间和绝对空间的概念却饱受争议。在《自然哲学之数学原理》定义的注释中，为了描述物体的运动，他提出了绝对时间和绝对空间的概念：与时间间隔的顺序不可互易一样，空间部分的次序也不可互易，时间和空间是，而且一直是它们自己以及一切其他事物的绝对处所，而离开这些处所的移动，是唯一的绝对运动。

在牛顿和他的支持者克拉克看来，绝对空间是一种实体性的存在。但莱布尼兹则认为，所谓绝对实在的空间不过类似于培根所说的偶像，他指出："这些先生们主张空间是一种绝对的实在的存在，但这把他们引到一些很大的困难中。因为这存在似乎应该是永恒的和无限的。所以就有人认为它就是上帝本身，或者是它的属性，它的广阔无垠。但因为它有各个部分，这就不是一种能适合于上帝的东西。至于我，已不止一次地指出过，我把空间看作某种纯粹相对

---

1 ［美］E.沃格林：《革命与新科学》，谢华育译，华东师范大学出版社，2009年，第 237 ~ 240 页。

的东西，就像时间一样，看作一种并存的秩序，正如时间是一种接续的秩序一样。"[1]他还强调，空间不是别的，就是事物存在的一种秩序，以使事物可以在其同时性上被观察。

莱布尼兹将绝对空间解读为思维秩序对于我们理解现象科学的本质十分重要：如果把绝对时空视为绝对的实在或实体性的存在，那么科学所面对的就是一种绝对的客观性；但如果空间被理解成一个构成现象次序的理想形式，那么，不仅绝对空间自身在概念上的困难被消除了，还让我们看到，科学的客观性在本质上源于思维的秩序，科学对客观性的寻求不再意味着从绝对的实在中寻求某种绝对的有效性。正是这种思维秩序的引入，人们得以将世界投射到抽象和外化的牛顿-笛卡尔式的空间中，再运用分析（拆分）与综合（组合）的方法加以掌握、支配和控制。[2]

由此，我们可以指出，牛顿时代的实验哲学实质上是关于现象的自然的现象科学，是一种以把握事物之间的量的关系来控制科学可以把握的现象物的科学，其客观性来自人为设定的思维秩序。

当我们强调科学的客观性来自思维的秩序之时，并不意味着对客观性的否定，也不必然导致反实在论的立场。一方面，如果说科学的客观性来自思维秩序，那么就应该看到，这种所谓的思维秩序不应该仅仅针对个体认知而言，而关系到群体认知层面，换言之，科学的客观性及其所依据的思维秩序都是由主体间性的实现——主体间的共识与共同规则的遵守来保证的；另一方面，科学不是博物学，科学对于实体的理性把握，是不可能只通过基于经验的镜像式的表征来实现的，必须引入人为的数学化建构乃至实体性的介入与建构才能实现。因此，当我们依然坚持科学的客观性意味着某种实

1 陈修斋:《莱布尼兹与克拉克论战书信集》，商务印书馆，1996年，第17～18页。
2 Char Davies, Virtual Space, 载于 Fransois Penz, Gregory Radick and Robert Howell (ed.)(2004), space, Cambridge University Press. 参见《空间》，华夏出版社，2006年，第68页。

在论的立场时，我们不得不承认的是，通过科学的客观性所把握的实在界，不是在一种与人无关的其自身的结构中呈现出来的，而是携带着一定的人为的数学结构并经历了一定的物质作用过程展现给我们的。也就是说，所谓的科学实在论不应该仅仅是关于理论实体的实在论，而应该是关于科学所构造的实体以及在此过程中的相互作用的作用者或能动者的实在论。

我们固然可以将科学所揭示的事物的数学结构认定为某种实在或结构实在，但这些结构并不是绝对的，对它们的把握必须与经验乃至物质性的相互作用加以整体的考量。这就是所谓的认识整体论及其物质性拓展：一方面，理论词与经验描述是不可能绝对区分的；另一方面，数学结构和经验事实都离不开事物之间的作用。特别是在微观量子现象中，有关物质过程对事物的客观描述的影响已经无可避免："在经典物理学和量子物理学中的现象的分析方面，基本的区别就在于，在前一种分析中，客体和测量仪器之间的相互作用可以略去不计或得到补偿；而在后一种分析中，这种相互作用却形成现象的一个不可分割的部分。事实上，一种严格意义上的量子现象的本质整体性，在这样一种情况下得到了逻辑上的表达：企图对现象进行任何明确定义的细分，都需要一种实验装置上的和现象本身的出现不能相容的变化。"[1]

由于现象科学所发现的事物的量的关系的过程是一种物质性的构建，因此现象科学实质上蕴含了现象技术的可能性：科学不仅发现新现象，还使得发明并构建新现象成为可能。正是在这个意义上，法国哲学家巴什拉（Gaston. Bachelard）提出了现象技术这一概念：科学所揭示的实在与相应的推理相互关联，问题不在于某种实在以及关于它的知识，而在于那种实在可以通过技术呈现为现象；对于

---

1 ［丹］N.玻尔：《尼尔斯.玻尔哲学文选》，戈革译，商务印书馆，1996年，第186页。

微观物理学来说，实在即不在现象之内，也不在现象之外，而是微观物理学的现象技术的产物。[1] 也就是说，科学不是发现现象，而是构建现象。与其说人们发现了基本粒子，不如说人们是在使基本粒子呈现其现象的装置的物质性关联中发明了它们；对基本粒子行为的预测和推定，不是简单的经验上的关联，而是具有高度相关性的数量关系。

对现象的量化研究已经成为现代科学认识自然的基本方式之一，其主要策略是以精确观察为基础，以实际应用为导向。这种认识自然的方式与亚里士多德的自然哲学的不同在于，后者自认为已经预先知晓了世界的样子，只有次要的方面才可能有所发现；而前者所代表的开普勒、伽利略与牛顿传统则认为自然的研究才刚刚开始，数学乃是重新创造世界的工具。[2]

1 Hans-Jörg Rheinberger. On historicizing epistemology : an essay, [translated by] David Fernbach, Stanford University press, 2010, P22.

2 [荷] H. 弗洛里斯·科恩：《世界的重新创造：近代科学是如何产生的》，张卜天译，湖南科学技术出版社，2012 年，第 97 ～ 98 页。

四、思想实验及其技术实现

思想实验是现代科学的重要研究方法，从相对论、量子力学到博弈论，思想实验往往成为理论突破的关键。实际上，思想实验并不仅仅是基于对自然的先验直觉或理性洞见，而是现象科学与现象技术在思想层面的理想化构思与预先运作，其功能不仅在于从理论上揭示尚未认识到的世界的可能性与必然性，还是进一步的技术实现——真实实验和由此衍生出的新知识与技术等技术可能性——的先导。1957 年 10 月，世界上第一颗人造地球卫星发射成功，至此，牛顿在万有引力研究中所设计的高速炮弹绕地球飞行的思想实验获得了技术实现。在物理学中，很多理论都遵循这种由思想实验到技术实现的进路。究其原因，盖因思想实验实质上包括场景设计和操作设计两个方面，不仅涉及基于本体论承诺的理论建构，也蕴含理想化的实验设计。因此，思想实验往往既能探讨科学理论的内在逻辑，分析其自洽性或可能的悖论，亦可由其实验构想发展出技术实现的新途径。下面，我们先简要讨论一下思想实验的功能，然后以量子纠缠为案例，分析其由思想实验到技术实现的过程。

思想实验的功能

思想实验是在实验条件或理想化状态暂时不能达到的情况下通过场景构思、操作设计与过程描述的实验，因此，思想实验既可以发生在想象的世界之中，在条件成熟的情况下也可以通过真实的技术过程加以实现，当然也能通过模拟和仿真呈现出来。理性主义者多强调思想实验体现了人对自然过程及其本质（如自然种类）的直觉，经验论者则认为思想实验不过是演绎等科学推论与论证的各种条件与关系的场景化重构。

　　新实验主义者大卫·古丁（David Gooding）认为，思想实验既不像理性主义者说的那么神秘，也不似经验主义者想的如此简单。他强调，相较真实的实验，思想实验的优势在于它们更容易重复。在他看来，展开思想实验与其他实验一样，都是为了检验世界是否依照理论所表征的方式运行，通过实践对理论加以批判；当实验行使理论争论或论证的功能时，必然会卷入微妙的物质与心灵世界相互渗透的操作之中。思想实验之所以能够对理论提出经验性的批判，是因为它们能够充分揭示展开真实实验的实验者所需要的情景与情境知识，其中包括他们处于真实实验场景时所能学习知识或体认的诀窍（know-how）。同时，思想实验还通过可视化和可体认的操作模式，使人进入想象的思想实验场景之中，以心灵之眼想象可能观察和感知到的过程。因此，思想实验并不像柯瓦雷所主张的那样——证明了科学思想的先验本质并使脑与手、心灵与世界相分离。实质上，思想实验的功能在于它们能揭示出我们尚未意识到的世界的可能性与必然性，因为展开思想实验的世界远比真实的世界更为稳定，同时思想实验赋予实验者的能力令任何真实实验的实验者无可企及。[1]

　　在相对论中，爱因斯坦曾经构想过名为双生子佯谬（twin paradox）的思想实验：假设有一对双生子 A 和 B，A 留在地球上，B 乘宇宙飞船到遥远的星际去旅行。根据时间膨胀，A 将看到飞船中的时钟缓慢，物理过程的周期变长，时间膨胀，因而 B 比 A 年轻；

1 David C. Gooding. What is Experimental about Thought Experiments? PSA: Proceedings of the Biennial Meeting of the Philosophy of Science Association, Vol. 1992, Volume Two: Symposia and Invited Papers, pp280-290.

反过来，B 将看到地球上的时钟缓慢，A 因而较 B 年轻。问题是一天一旦两人相遇，究竟 A 比 B 年轻还是 B 比 A 年轻呢？这就是所谓双生子佯谬，又称钟佯谬。

这个思想实验探讨的是狭义相对论图景下有同时相对性导致的某种可能性。通过分析发现，这个佯谬其实并不存在：虽然 A 所在的地球基本上可视为惯性系，适用于狭义相对论，但 B 乘坐的飞船并非始终相对地球做匀速运动，由于它已经历了明显的变速过程，不能再当成惯性系；由于 A、B 之间不是做相对的匀速直线运动，双生子佯谬中 A 与 B 的情形不完全对称，对这一问题的解决已超出了狭义相对论，必须用广义相对论加以讨论。由此，这个思想实验的场景被修正为适用于广义相对论的情形。广义相对论在讨论不同参照系的时钟变化时，不仅要考察运动学效应，还要考虑引力效应。在计算飞行钟变化时，主要考虑的因素有两点。一是地球的自转，它使地球参照系偏离惯性系，其向心加速度对留在地面的钟有影响；二是地球引力随飞行高度的变化，它对飞行钟有影响。广义相对论对这些效应的精确计算结果与试验在误差范围内是一致的。因此，双生子佯谬被改称为双生子效应。

思想实验不仅有助于廓清理论上的矛盾与难点，在技术条件成熟时，还可以在真实世界中部分或基本实现。以双生子佯谬为例，虽然人们还无法直接观测这一佯谬，但 1971 年科学家曾做过一个等效实验。他们将两台原子钟十分精确地对准后，把其中一台放到飞机上绕地球一周，回到原处后，发现飞行过的那台钟慢了约 7～10 秒。

在科学前沿，思想实验一直扮演着各种争论与悖论的判别者与廓清者的角色；同时，在理论争议相持不下的情况下，思想实验的技术实现往往成为知识与创新的生长点——思想实验对世界的可能性与必然性的揭示使其成为真实实验和由此衍生出的新知识与技术的先导。以量子力学为例，它从根本上修改了物理学关于物理世界的经典描述方式，揭示了微观世界的统计性规律，在微观物理图景和微观规律的因果关系方面对物理学的基本观念带来了巨大的冲击。面对量子力学以及后来发展起来的量子场论等研究中出现的理论自洽问题，大多数物理学家的研究策略是绕开理论争论转而研究其技术实现所昭示的新知识与应用。究其原因，乃因为他们看到了其中的两难：对那些涉及理论基础的哲学问题的深入探讨往往需要开展相关实验才能作出裁决，而相关实验一旦进行，人们更关注的是其揭示的技术可能性而非其哲学基础。这一策略的确比完全停留在理论争议层面直至有一个决定性的结果的做法更有利于科学的发展，因为科学研究的目标本身并不仅仅在于寻求对理论的合理说明，而且绕开争论所发现的新知识和应用往往有助于呈现有争议的理论所未展示出的可能性与必然性。尽管如此，爱因斯坦、玻尔和惠勒等少数热爱哲学思考的科学家依然对量子力学的基础进行了不懈思考，其争论的焦点之一是量子实在究竟是已经存在的所予（the given）还是在观察中被创造出来的？下面，简要地探讨一下与量子纠缠有关的思想实验与技术实现过程及其理论启示。

EPR 实验与量子纠缠

20 世纪 20 年代，量子力学创立之后，玻尔和爱因斯坦曾经围绕量子力学的统计诠释展开争论，尽管最终以玻尔全面胜利而告终，但直至今日，人们在描述量子世界"如何"的同时，对其"为何"如此，仍未找到答案。这些争论虽未能完全廓清量子力学的基础，却成为人们深化对量子世界的认识的切入点。

基于哥本哈根统计解释的正统的量子力学认为，如果用波函数描述一个微观的自由粒子，那么，既不能给出粒子确定的动量，也不能给出粒子确定的位置，而只能描述多种可能的动量或位置的概率。一方面，测量不可避免地会对被测对象产生扰动，原则上不能如经典直观假定的那样构造出一种仪器，测定所谓独立于观察者而一直存在的物理实在的某种性质；另一方面，海森伯不确定性原理表明，一对不相容的物理量（如位置和动量）的测量值的精确度的乘积不小于一个与普朗克常数相关的量——由于存在测量对被测对象的扰动，对一对不相容的物理量中的一个进行精确测量的代价是使另一个量的不确定性增加，量子力学不可能同时给出它们（如位置和动量）的精确值。

爱因斯坦认为，量子力学是不完备的。在他看来，物理世界独立于观察者而存在，原子、电子和光子等粒子的任何一种性质都是客观真实世界中的独立要素。1935 年，爱因斯坦（Einstein）、波多尔斯基（Podolski）和罗逊（Rosen）发表了题为"能认为量子力学对物理实在的描述是完备的吗？"的论文（EPR 论文）。爱因斯坦等人将"实在"定义为：如果不以任何方式干扰系统，我们就能确定地（即概率等于 1）预言物理量的值，这时就存在一个物理实在要素与该物理量相对应。并指出一个理论是否完备的标准在于：不管赋予"完备"这一术语的含义是什么，对完备的理论提出如下要求似乎是必要的：物理实在中的每一个要素在这个理论中都必须有与之对应的概念。

在实在论和完备性主张的基础上，爱因斯坦等人提出了 EPR 思想实验。这个思想实验假设，一个稳定粒子炸裂为两块相等的碎片 A 和 B，并向相反方向相互分离。爱因斯坦等人将 A 和 B 假定为具有可分离性和定域性的系统。可分离性要求，在空间上相分离的系统有各自的态，它们唯一地决定了组合系统的态；定域性要求，如果 A 和 B 在空间上相分离，那么 B 的态不能立即受到单独对 A 做的任何事情的影响，两者的相互作用有场或粒子作为媒介，且不能传播得比真空中的光还快。在可分离性和定域性的基础上，EPR 思想实验先令两个系统在一段时间内彼此有相互作用，相互作用后，不论是否进行测量，A 与 B 的物理性质（如动量）和物理性质间的关系（如总动量守恒、空间位置对称）都被确定，成为一种客观存在；再令 A 与 B 在空间分离到很远，乃至 A、B 两个事件的时空间隔为类空间隔，两者无法用小于光速的信号联系起来。

爱因斯坦等认为，在此情况下，①根据动量守恒和空间对称性，测得 A 的动量就能精确确定 B 的动量，测得 A 的位置坐标就能精确确定 B 的位置坐标；② A 与 B 既没有实际的相互作用，也无发生任何因果联系的可能性，对 A 的动量和位置的测定不会影响到 B 的性质。根据他们对实在的理解，既然可以在不干扰 B 的情况下确定地预言 B 的动量（位置），那么，B 的动量（位置）就必然是与测量无关的物理实在的一个要素，它们是一直存在的。同时，一旦能够不加扰动地测量 B 的物理性质，不确定性原理也就被打破了。由此，爱因斯坦等主张，如果坚持定域实在性（定域性和实在性），将处于一定域的单个粒子视为物理实在的基本存在方式，那么，微观粒子的动量和位置就成为所谓具有确定性的物理实在的要素（即便不能被同时测定），而波函数既不能确定地描述粒子的动量或位置，也不能同时精确测定粒子的动量和位置，故波函数和与之相关的正统量子力学对物理实在的描述是不完备的。

玻尔对爱因斯坦的质疑作出了回应，他认为，在用波函数进行描述时，对 A 和 B 最完备的描述是将它们作为一个整体来描述，而不是将 A 和 B 作为分离系统加以描述。在测量前，A 与 B 一直处于叠加态中，各自的物理性质没有确定的量值，而一旦对 A 的动量进行测定，那么，整个系统的波函数会坍缩到该测量所揭示的一个具有确定动量的新的状态，若再测量 B 的动量，必然获得确定值。简言之，对 A 的测量会影响到将来对远方的相关粒子 B 的测量结果。这似乎表明，A 和 B 之间可能存在某种"瞬时"的"幽灵般的超距作用"。对此，玻尔认为，对特定对象的物理性质的研究必须考虑包括实验装置在内的整个物理系统，而不应孤立地研究单个粒子的性质。他还进而提出了具有哲学意味的互补原理，强调测量仪器与所观察对象不可分离，不同的实验安排相互排斥又相互补充。

然而，对于坚持定域性和可分离性的爱因斯坦来说，瞬时超距作用是难以想象的。为了克服这一点，爱因斯坦和玻姆等人倾向于用隐变量理论替代正统量子力学。在爱因斯坦看来，单个系统或粒子的行为是确定性的，由波函数作出的概率描述不应是对单个系统或粒子的，而应是类似于经典统计力学的一种对系统的描述。在经典统计力学中，虽然温度、体积和压力等热力学体系的宏观变量是统计性的和随机的，但单个分子的行为则是完全确定的；而且，正是单个分子的坐标和动量等微观不可观察量决定了温度等宏观统计量。与此类似，正统量子力学给出的实际上是由不可观察量的性质决定的可能事件的概率。这些观点暗示，存在一种在量子力学中没有观察到的所谓隐变量，可以建立一种更加完备的基于确定性的隐变量理论，使之既保持定域性与可分离性，又符合被实验证实的全部量子力学结果。如果满足定域性的隐变量理论成立，对于 A 与 B 二粒子体系来说，在两处的每个粒子都具有隐变量的确定值，故不存在对其中一个粒子的测量影响相距很远的另一个粒子状态这样一种超距作用。

这场争论曾经被视为对量子力学基础的哲学理解之争。但泡利认为，爱因斯坦所提出的问题，不过是在探讨那些我们完全不能了解任何情况的东西是否存在，好比追问针尖上有几个天使，我们不应该为之绞尽脑汁。反观玻尔的回答，也多为基于哲学式解释的猜测。直到北爱尔兰科学家贝尔提出贝尔不等式，才使这一争论有可能通过实验加以检验。1964 年，贝尔指出，运用定域隐变量理论和量子力学预言 EPR 型实验的结果会产生明显差别，还由此提出了符合定域隐变量理论的 EPR 型实验结果应该满足的贝尔不等式。这使得对定域性隐变量理论进行实际的实验检验成为可能，也为判断量子力学的哥本哈根解释提供了实验依据。自 20 世纪 70 年代以来，阿斯派克（A. Aspect）等人先后完成了十多项检验贝尔不等式的实验，结果大多不满足贝尔不等式，不利于定域隐变量理论以及与之接近的可分离性隐变量理论。总之，目前所知的实验证实了量子的非定域性，但测量所导致态的瞬时坍缩等现象依然是未解之谜。

实际上，现代量子力学一直是一门建立在实验现象之上的科学。恰如惠勒所言，正统量子力学的主流观点是，量子现象只有被记录下来才是现象。对于现代科学而言，研究对象的实在性和理论的完备性之类的问题往往是回溯性和反思性的，即便认定其在逻辑上的基础性作用，它们在实践中也未必是奠基性的或不可或缺的。推动现代量子力学发展的实验物理学家们所真正感兴趣的，并非量子系统的物理实在性之类的基础性问题，而是直接通过实验研究那些"知其然，而不知其所以然"的事物的特性及其可能的实际用途。自 20 世纪 90 年代以来，包括 EPR 型在内的很多思想实验在实验室得到实现，它们不仅展现了很多违反宏观直觉与常识的现象，还为量子理论的新奇应用打开了大门。虽然这些新的实验具有一定的判决性实验的意味，且实验结果大多倾向于正统量子力学，但这种一边倒的态势，反而使实验物理学家超越了对定域性与非定域性、可分离性与不可分离性等量子力学基础的讨论，转向运用"量子纠缠"（最早由薛定谔于 1935 年提出）等唯象概念，直接探究可实际观察到的量子纠缠态——由相关且不可分离的两个或两个以上的子系统的量子状态所构成的系统的状态，打开了量子通信和量子计算等新奇应用的大门。

在实验室中实现的最典型的量子纠缠态是纠缠光子对。让一束紫外光通过某种非线性晶体（如偏硼酸钡），会有一小部分紫外光转换成一对能量较低、波长更长的光子，对称地偏离原紫外光的方向发射出来，而且这两个光子的偏振方向相互垂直（量子态相互正交），即如果其中一个为水平偏振，另一个就是垂直偏振。实验表明，当两个光子分离，即使是类空间隔时，如果测量出两个纠缠的双光子中的任意一个的偏振态，那么另一个立即可以确定，而在进行测量之前，无法预言任何一个光子的状态。

量子隐形传态

量子纠缠态不仅提供了一种有别于经典信息的信息编码的方法，为量子通信奠定了基础，还可以利用量子纠缠态进行量子隐形传态实验。隐形传态的思想源于《星际旅行》之类的科幻小说，其设想是在某地先将物体非物质化，然后在另外一个地方重新物质化——精确复制和组装物体中的每一个原子和分子，并使其相对位置和状态与原物体一模一样。尽管不确定性原理似乎表明不可能获得构成原有物体所有粒子的所有量子态的精确信息，但量子隐形传态利用量子纠缠态回避了这一困难。贝内特等人在 1993 年发表于《物理评论快报》的一篇论文中提出了量子隐性传态的想法，认为可以将一个粒子的量子态转移到另一个粒子上，只要实施隐形传态的人在整个过程中不直接获取所传送量子态的任何信息。

假想艾丽丝要将一个物体传送给鲍勃，且这个物体可以用尚不知道的量子态 $|\psi>$ 完全描述。为了简单起见，假定这个物体是一个具有特定偏振态的光子。若借助量子纠缠态，我们可以更为细致地假想：艾丽丝和鲍勃很久以前相遇过，在一起时，他们制造了一个两个偏振态的纠缠光子对，然后，分别带走了纠缠光子对中的光子 1 和光子 2，目前两人相距很远，且艾丽丝需要将一个未知偏振态的光子 3 传送给鲍勃。实现这一传送的方法是：艾丽丝先让需要传送的未知偏振态的光子 3 和她带走的光子 1 相互作用，并对因此形成的两个量子比特进行所谓联合贝尔态测量，测量结果会随机地得到 4 个贝尔态之一。由于光子 1 与光子 2 纠缠，这一测量将同时改变鲍勃处的光子 2 的态，并使之与艾丽丝想传送的光子 3 的态发生关联。由于存在这些关联性，尽管艾丽丝和鲍勃都不知道光子 3 原来的量子态 $|\psi>$，但只要艾丽丝通过经典信息通道告知鲍勃测量的结果是 4 个贝尔态中的哪一个，鲍勃就可以选择恰当的量子逻辑门对光子 2 进行某种变换（4 种幺正变换中的 1 种），而使其与艾丽丝原本要发送的光子 3 的态 $|\psi>$ 一致。这样就完成了光子 3 的量子态的隐形传态。

值得指出的是：①在此过程中，无论是艾丽丝还是鲍勃都不知道被传送和接受的量子态是什么，而只知道某个量子态被传送过；②用于重建量子态的信息可以分为量子信息和经典信息两部分，虽然量子信息可以通过量子纠缠即时传播，但必须在获取经典信息后才能使用，而经典信息必须通过经典信道传输，其传输速度不可能超过光速。③到目前为止，隐形传态仅仅在微观世界实现过，它能否应用于较大物体？这一问题超出了今天的物理学所研究的范围，它涉及一连串的问题：如宏观世界与微观世界的分界线在哪里？像人这样的宏观物体在本质上究竟是由大量基本粒子构成的集合体还是带有一个波函数（如德布罗意波）的单一物体？

观察的创世力量

让我们回头再来看看 EPR 实验的一个简化版本。假设有一个非常轻的原子，由一个正电子和一个负电子构成，在零角动量的基态湮灭，释放出能量相同、角动量和自旋相反的两个光子，即无论右侧的探测器记录到哪个方向的自旋，左侧的检偏器都会调整到相反的极化方向，让另一个光子通过。假定两侧的探测器离光子释放的位置都为 5 光年，即使守在一侧探测器旁的人在最后一刻确定让某一极化方向的光子通过，也会使得 10 光年之外通过另一侧的光子取相反的极化方向。对于爱因斯坦等人来说，物理实在与是否被观察无关；但对玻尔来说，物理实在是一种现象，使物理现象得以出现的实验条件是现象描述的内在属性。

在玻尔看来，没有一个基本现象是现象，直到它是一个被记录（观察）到的现象。在光子从光源到探测器的这 5 光年里，光子是否是某种实在这个问题是没有意义的。对此，惠勒指出，一方面，通过参与的观察而观测到量子现象本身乃是一种基本的造物活动——一个量子现象被一个不可逆的放大行为锁定（如光子与底片上的溴化银分子发生反应而被记录下来）的那一瞬间才成其为实在；另一方面，在量子现象被锁定之前，它是不可及的（untouchable），无法被视为某种存在而加以讨论。[1] 也就是说，关于"一个打到一侧探测器上光子的自旋的选择会影响到另一个此前早已发射的另一个光子的自旋"的说法是似是而非的，因为任何量子现象仅在被记录到的时候才是一种现象。总之，参与的观察的创世的力量表明，实在并不是一种被动的存在或独立的实在，而是能动的相互作用的结果——在量子层面，科学现象同时也是一种技术现象——可以说，它们是存在论意义上的技术化科学现象。

在对延迟选择实验的讨论中，惠勒进一步指出："就以任何有限时段而言，并非所有的潜在性（potentiality）都已经转变成为既定事实（actuality）。宇宙中还是存在无限的概率云雾，这些潜在性都还没有在宏观世界里经过登录过程或形成既定事实。我们十分确知在宇宙中的不确定性多过于确定性。我们对于宇宙的知识，或者说是其可知之部分，都是基于少数片段观察结果，再以我们的理论加以粉饰涂敷成形。那些片段观察结果不只是显示现在的状况，同时也呈现过去的情况。"[2] 在他看来，宇宙似乎处于一种"自激回路（self-excited circuit）"状态，也就是说，其存在与历史都是由测量而决定。而所谓的"测量"发生在量子世界与日常宏观世界的交汇点处，是一种使不确定性坍缩成为确定性的不可逆行动——在量子测量不再是日常意义上的看，而是皮克林意义上的"实践的冲撞"。由此，今天的观察者在观察宇宙诞生的初期时，有可能影响甚至决定一百多亿年前发生的事情。可见，科学不仅是现象技术或技术现象的创造者，而且还有可能影响到宇宙的潜在性向事实的转化。

---

1 ［美］J.A.惠勒：《宇宙逍遥》，田松译，北京理工大学出版社，2006年，第138～141页。

2 ［美］J.A.惠勒：《约翰·惠勒自传：物理历史与未来的见证者》，蔡承智译，汕头大学出版社，2004年，第436页。

第三章 作为有限知行体系的科学

　　科学观无疑是可接受的科学的重要参照系。在标准的科学观看来，自然真实而客观，其性质独立于观察者的偏好或目的，但通过科学——对自然界的事物、过程和关系进行精确解释的认知活动——被或多或少地如实反映出来，因此科学被视为一种反映自然的客观知识体系。但这种表征主义的知识模式建立在基础主义的存在论之上，真正的科学知识的获得不仅是对自然结构的表征，还必然涉及对研究对象的控制、操作和制造，这是一个知与行、看与做相互渗透的过程。因此，应该将科学视为人类的有限知行体系，分析其基于实践的因果关系的重构机制，探寻其非表征主义的技术化科学意象，以此促进对科学实践的整体性反思与洞察。

一、作为知识体系的科学及其缘起

什么是科学？单从词源上看，英文的科学（science）的拉丁词源 scientia 有知识与求知之意，而后者所译自的希腊词 episteme（知识）又与知识论（epistemology）一词同根，泛指任何具有严格与确定性特征的知识与信念体系；德文的科学（wissenschaft）的字根 wissen 意为去知（to know），词义为系统性的知识与学问。

在当今有关科学的各种定义中，科学大多也是与知识或理论知识相关联的。林德伯格在《西方科学的起源》中列举了人们对什么是科学的八种不同理解[1]：①科学是人类借此获取对外界环境控制的行为模式，与技术密切相关；②科学是理论形态的知识体系，技术则将理论知识应用于实际问题；③科学是理论的陈述形式，陈述形式应当是一般的、定律式的陈述，最好以数学语言表达，这是现在流行的观点，如当代德国学者波塞尔就将科学界定为真实陈述句构成的没有矛盾的体系[2]；④从方法论层面定义科学，即科学通常与一套实验程序等科学方法相联系，一个研究程序只有以此为依据才是科学的；⑤从认识论层面定义科学，即科学应是个人获取知识和评

---

1 ［美］戴维·林德伯格：《西方科学的起源》，王珺等译，中国对外翻译出版公司，2001 年，第 1～2 页。

2 ［德］汉斯·波塞尔：《科学：什么是科学》，李文潮译，上海三联书店，2002 年，第 12 页。

判知识的某种独特方法；⑥从科学的内容来定义科学，即科学是一套关于自然的信念，或多或少地包含了现行的物理、化学、生物、地质等学科的学说；⑦"科学"与"科学的"通常指严格、精确或客观的过程或信念；⑧"科学的"一词往往表示同意、赞赏。

这些定义的前六种直接涉及科学活动本身，除了第一种理解之外，其他理解都是从理论知识、知识陈述、知识获得、知识体系等角度来定义科学的。如果再加上后二种观点中赋予科学的修饰性的内涵，那么，第二到第八种的观点实际上是标准的科学观的温和体现。而这些观点不仅是传统的科学哲学和科学社会学的基本预设，而且为科学界所普遍接受。以中国科学院最近发布的《关于科学理念的宣言》为例，其立场与上述定义中的第二到第八种观点基本一致。此外，在公众知识传播层面，各种主流辞书对科学的定义，不论是《韦氏大学词典》（科学是源于观察、研究和实验活动的系统化的知识，旨在确立研究对象的本性或原理），还是《辞海》（科学是关于自然、社会和思维的知识体系），也大多在科学与知识体系之间画上了等号。

耐人寻味的是，为何科学的词源和主流定义大多将理论知识与知识体系视为科学的首要内涵？最简洁的回答是：源于希腊传统的自然研究首先是以哲学的形态出现的，即科学源于古希腊自然哲学。这种自然哲学的最大特点就是，运用基于理性推理的抽象概念，构建具有普遍性的理论知识形态，以寻求对自然的合理解释。哲学思辨方式的形成无疑十分复杂，但我们还是可以设想其中会涉及一系列哲学式的发问和预设。世界上最原始的哲学问题大约是"那是什么？（What is that?）"，这个问题一旦被提出，就预设了"那"可能被归属于某种类型；如果"那"稳定地归属于某种类型，就会引出一系列新的问题，如为了解释其类型归属必然会问及"事物的本性是什么？（What is the nature of it?）"，而这又预设了"凡事物具有本性"这一前提。就这样，从对一个有具体所指的"那"的追问引出了本性等纯粹思维性的概念与范畴，并进而引出了"什么是存在?（What is being?）"这一最根本的哲学问题。在这种思辨中，哲学家对思维对象进行了条理化的处理和推演，但这些所谓理性的推理要么模糊了命题的条件，要么不加声明地添加预设，结果大大地超越了经验的限制。

早期的希腊自然哲学家用这种超越外推的或以偏概全的思辨方式走出了充满无常的神话思维的影响，他们将世界视为有序的和可预言的，认为事物依其本性在其中运作，并试图从事物的本性中寻求世界的统一性与原因。为了寻找事物的起源、探求多样性背后的统一性与变化背后的秩序，他们的后继者开始追问感觉背后的终极实在或真正的实在，并在这种探究中首先遭遇到了关于知识的问题：如果感觉没有显现出事物的统一性，就应该寻找通往真理的其他向导。[1] 这一理论体现了古希腊独特的知识旨趣：由于来自感觉经验的知识含糊不清，必须借助理性来探求那些能够揭示世界的统一性和反映终极实在的真正知识或真理，即真正的知识是理性的知识。但这种旨趣必然要面对两个深层次的问题，其一为存在论问题，即何谓终极实在、真实实在或根本性存在？其二为认识论问题，即如何认识真正的实在，以获得真正的知识？

不同的哲学家对这两个问题有不同的回答，对近现代科学而言，柏拉图的理念型相说影响最大。针对存在论问题，柏拉图主张基础主义的存在论。何谓基础主义的存在论？当代科学哲学家卡特赖特（Nancy Cartwright）认为，其主张是"所有事实必定属于一个宏大图式，而且在这一图式中，第一个范畴的事实具有特殊和特权地位。它们是自然应该运作的方式的范例。其他的必须都得符合它们。"[2] 在柏拉图那里，我们可以看到基础主义系统性的源头。

---

1 ［美］戴维·林德博格：《西方科学的起源》，王珺等译，中国对外翻译出版公司，2001 年，第 29～37 页。
2 ［英］南希·卡特赖特：《斑杂的世界》，王巍等译，上海科技教育出版社，2006 年，第 27 页。

柏拉图将其基础主义立场建立在完善和造物者这两个概念的基础上。完善或完善性本来是人们在运用理性进行抽象和推理时获得的一种感受，特别是在几何学中，几何图形的高度抽象性与普遍的代表性使它们显得比经验现象中的杂多的形状更具有有序性、完美性、普遍性乃至永恒性，这一系列的完善性使人相信，几何图形比现实中杂多的形状更真实——圆比太阳更圆（类似鲍德里亚的"超真实"），毋宁说前者是对后者的抽象，不如说后者像前者。柏拉图将此推向极端，进一步走向本质主义，主张只有完善性的存在才是更根本与更本原的存在。那么这种永恒不变者究竟为何物呢？柏拉图首先运用造物者（demiurge）隐喻推演出了它的存在：如果承认可感知的世界是由造物者根据某种模式（pattern）创造出来的，而每个人都可以看到可感世界接近完美，故造物者是完善的，他用以造物的模式也应该是完善的永恒不变的存在，我们的世界就是这种模式的摹本。

在此前提下，柏拉图将永恒不变者与理性的运用联系在一起——"由思想通过推理来认识的东西是永恒真实不变的；而通过非推理的感觉来把握的意见对象则是常变不真的"[1]，并进而断言作为永恒不变者的模式是基于理性认识的数学化的理念或型相（form，亦称几何理型）。一方面，它们构成了绝对完美、永恒不变、独立于可感世界的相的世界，包含了所有事物的完美理念；另一方面，它们在可感世界中得到了不尽完美的复制。而对于理性的运用的推崇，实际上使得理念型相说成为一种存在—认识论（onto-epistem-ology），它不仅具有存在论意味，也指明了认识论的道路[2]："世界既然是这样形成的，则它的模式就是通过推理来认识的"。也就是说，"对于那些理性的对象，我们给出的解释也必须是永恒不变的"。具体而言，

1 ［古希腊］柏拉图:《蒂迈欧篇》，谢文郁译，上海人民出版社，2005 年，第 20 页。
2 同上。

柏拉图设想的造物者将理念或型相这种第一存在——客观、独立和先验的形而上学的存在撒播于被造的宇宙之中，使宇宙按照理念或型相所规定的比例作为一个统一整体而产生出来，宇宙因而当然地具有统一性、合理性、有序性、可还原性和普遍的规律性。虽然柏拉图以前的自然哲学家也论及自然的秩序与规律性，但主要诉诸事物的内在本性，柏拉图则径直诉诸外在于宇宙的造物者和形而上学的存在，将人所揣测的世界的理想化模型与法则提升为神设计和制造世界的基础，独断地为自然秩序以及关于这种秩序的知识设定了绝对的发生学来源和本源性依据。

尽管理念型相说和模式复制论等柏拉图主义思想未必完满自洽，但其以理性为出发点和归宿的存在—认识论却成功地在理论知识与永恒存在之间建立起了看似必然的映射关系，其秘诀在于它建立起了一条封闭的表征链：在存在论维度，造物者表征为完善性，完善性表征为理性，理性表征为完善的宇宙设计，完善的宇宙设计表征为模式，模式表征为被造宇宙的理性与灵魂，此理性与灵魂又表征为可感的经验世界；在认识论维度，人的认识的实质就是从经验世界到理念型相世界的反向表征——沿着与存在论维度的表征链相反的方向，从可感的经验世界出发，透过被造宇宙的理性与灵魂追溯造物者所运用的模式，把握造物者的理性和完善性，最终完成了表征链的闭合。

实际上，柏拉图对这条表征链的封闭性是有所保留的。在存在论维度，他强调世界是必然（柏拉图所称的必然是不确定、不可知的意思）和理智的共同产物，来自造物者的完善性只能促使宇宙尽可能地沿着"类似"其自身的方向发展，并承认"从实在到被造物的过程，也是从真理到意见的过程"。这进而使得他在认识论维度既保留了认识的真理性，又用"相似性解释说"规避了横亘在存在与认识之间的真理标准问题：不仅在涉及诸神及宇宙生成的问题上我们只能获得相似性的解释，而且"关于那些由模仿这些模式而产生的事物，我们的解释也大约只能是近似的"。[1] 然而，这种保留本身并未突破封闭性的表征链，依然是表征主义（representationalism）的，因为不论是"类似"还是"相似性解释"，都暗含现象与根本性存在的比较，都预设了"虽不能至，心向往之"的事物的本质和世界运行的大道，都为基础主义的形而上学假定——绝对存在与绝对真理——预留了可能性。

因而，问题的关键不在于"表征了什么"或"根本性存在为何"，而在于"去表征"——有一个存在等待我们去再现其本质——这种基础主义的形而上学旨趣。这种旨趣对整个西方哲学和科学产生了极为深远的影响，大概是在此意义上，海德格尔曾指出所有的柏拉图主义都是形而上学，所有的形而上学都是柏拉图主义。[2] 正是对这种旨趣的继承与发展，人们才将知识的对象设定为自身完备的事物，并相信有一个普遍而准确的法则控制着整个世界，由此世界具有可理解性——能够为理性所把握，人们可以借助理论的表象建立起一种具有普遍性的知识体系，精确地再现实在的本质和世界运行的大道。

---

1 ［古希腊］柏拉图：《蒂迈欧篇》，谢文郁译，上海人民出版社，2005 年，第 20 页，第 32 页。

2 ［美］理查德·罗蒂：《后形而上学希望——新实用主义社会、政治和法律哲学》，张国清译，上海译文出版社，2003 年，第 28 页。

二、从为自然立法到真理的制造

柏拉图完成《蒂迈欧篇》后，学院的主导研究方向聚焦于纯数学，但亚里士多德对于用数学解释物理现象并不满意，先著《论天体》、《物理学》等书，主张用性质而非数与几何来解释世界，后又以《形而上学》论本性，进而建立起一套普遍的自然哲学知识体系。在亚里士多德自然哲学中，物理学与形而上学既相互区别又同属一个整体，前者类似当今以物理学为主导范式的自然科学，旨在寻求思辨的知识或理论的知识，以把握自然事物发生的原因；后者则是前者的绝对预设，以获取理智直观的知识或统摄的知识为目的，力图揭示事物的本性和第一原理。具体而言，亚里士多德认为第一性的存在是个别可感事物（实体），自然是一个活的自我运动着（self-moving）的世界，自然的变化及结构按照基于性质与本性的逻辑关系运行，自然过程有被导向目的因而做完美的循环运动的目的论趋势，世界因而是一个有序、有组织和有目的的世界，由此，认识的目的不再是再现永恒的理念型相，而是从可感事物中把握反映其性质与本性的可感形式，进而理解世界运行的原因和目的。[1]

---

1 ［美］戴维·林德博格：《西方科学的起源》，王珺等译，中国对外翻译出版公司，2001 年，第 50 ～ 61 页。

亚里士多德的自然哲学的传统跨越了整个中世纪，其中的自然科学内容杂陈于自然哲学的知识体系之中，成为形而上学和神学的注脚。直到哥白尼、伽利略、开普勒和牛顿等人才又转向柏拉图主义，并将对宇宙的数学方案的探求与实验哲学相结合而开创了近代自然科学这种新的知识范式。但由于观念的惯性，在相当长的一段时间里，哲学家乃至科学家自身依然将新兴的自然科学称为自然哲学，并按照自然哲学的传统架构来整理"一般科学"(general science) 的知识体系。

亚里士多德与柏拉图的知识体系固然有很大不同，但却具有相同的知识模式。就形而上学预设而言，两者的差异似乎十分显著，前者让完善的神以独立于他的完美形式创造尽可能完善的世界，后者则让与完美形式合一的完善的神引导着世界中的不完善者对完善的追求，将自然的盲目冲动引向神所知晓并符合神的本性的目标上去。[1] 但实际上两者又非常相似，一个从开端输入秩序，另一个致力于将过程引向有序的目的，在两者所揭示的世界中，理念型相与形式的差别仅仅是前者可以独立存在，它们在"存在—认识论"意义上的功能上几乎一致——以观念的秩序与关联决定事物的秩序与关联，或者反过来。更进一步而言，这种一致源于所谓"旁观者知识模式"：柏拉图的造物者和亚里士多德的上帝等抽象的理性主体都是站在世界之外来认识世界的。在此模式下，由于认识不过是对既有存在的观望，知识只能是对世界的模式或形式的被动反映，而所谓的模式或形式也只能是理性所能把握的抽象结构或逻各斯，由此而获得的知识与其说取决于自然的结构，不如说是理性的结构使然。更确切地讲，柏拉图式和亚里士多德式的知识体系的形而上学预设都是在借助抽象的理性主体为自然立法的结果。

---

1 ［英］R.G.柯林伍德：《自然的观念》，吴国盛译，北京大学出版社，2006 年，第 104 ～ 106 页。

实际上，由于站在自然之外的不是造物者和上帝而是作为认识者的人类，所以真正尝试着为自然立法的是人的理性。康德首先看到了主体的认识具有为自然界立法的功能，并认为这种功能奠定了自然科学的形而上学基础。在《自然科学的形而上学基础》一书开篇不久，康德就指出[1]："任何一种学说，如果它可以成为一个系统，即成为一个按照原则而整理好的知识整体的话，就叫作科学"；但这些原则又分为经验的和理性的，"如果要当得起自然科学这一称号，自然一词就要使理性从事物诸关系中得出的知识成为必然（因为这个词标志着从事物的内在原则里推出属于这些事物定在的杂多的东西）"；由此，自然科学有本义上的和非本义上的之分，前者完全按照先天原则来处理自己的对象，其确定性无可置辩，后者则按照经验法则处理自己的对象，只具有经验上的确定性。总之，"一种理智的自然学说，只有作为其基础的自然法则被理解为先天的，而不仅仅是经验的法则时，才有资格叫作自然科学。前一种类型的自然知识叫作纯粹的理性知识，后一种类型则称为应用的理性知识……自然科学只能由其纯粹部分，即包含着其他一切对自然的解释的先天原则的部分中，推导出这一命名的合法性，并且，只靠了这纯粹的部分，才成为本义上的科学"。[2]针对当时的化学，他认为，鉴于其所运用的解释法则不过是经验性的，缺乏无可置辩的确定性，化学作为知识整体没有资格称为科学——化学与其被称为科学，不如叫作系统技术。

康德进一步强调，作为自然科学的形而上学基础的先天的原则或纯粹的理性知识是人的理性所固有的，并在认识过程中会不自觉地加以运用；一切真实的形而上学都出自思维能力的本质，它绝不是虚构出来的，因为它不是从经验借来的，而是经验知识得以形成的条件。[3]康德将他的这种从认知主体去看待世界、人为自然界立法

1 ［德］康德：《自然科学的形而上学基础》，邓晓芒译，上海人民出版社，2003年，第2～3页。

2 同上，第3页。

3 同上，第10页。

的认识论范式转换称为哲学中的一次哥白尼革命。德勒兹认为，被康德称为哥白尼革命的基本观念是"用客体必须服从主体的原则来替代主体和客体之间的一种和谐（最终一致）"。[1] 但如果注意到康德不仅认为对形而上学原则的厘清有助于知识体系的形成，还强调"在一切称之为形而上学的处理方式中都可以期望有科学的绝对完满性"，[2] 就不难看到，他依然沉迷于形而上学的大梦之中，企图建构一种基于形而上学、具有绝对完满性的知识体系。事实上，尽管康德颇费周章地为牛顿力学构建了形而上学基础，但后来的事实却表明，这种哲学上的空前成功，除了满足科学一时的形而上学之需外，既未使牛顿力学成为理性所获得的必然知识，更未令其具有无可置辩的确定性。

因此，杜威指出："康德的所谓革命不过是使得早已隐藏在古典传统思想中的东西明显化罢了……这种古典思想断言说：知识是受宇宙的客观组织所决定的。但是只是在它首先假定了宇宙本身是按照理性的模式而组织成功的这种主张之后才这样断言的。哲学家们首先构成了一个理性的自然体系，然后借用其中的一些特点来指明他们对于自然的认识。事实上，康德乃是唤起人们来注意这种借用的情况，而且他坚持这种借用的材料之所以可信不是由于神灵而是由于人类的理性。"[3] 总之，康德仅仅揭示了"理智和自然的结构是内在相符的"这种传统思想的基本假设，并将提出这种假设的权利从假借的神权恢复为人的权利。

真正值得追问的是，为什么像康德这样的思想家也会陷入"绝对的完满性"之类的形而上学迷雾之中？答案就在于所谓"旁观者

1 ［法］吉尔·德勒兹：《康德与柏格森解读》，张宇凌译，社会科学文献出版社，2002 年，第 18 页。

2 ［德］康德：《自然科学的形而上学基础》，邓晓芒译，上海人民出版社，2003 年，第 12 页。

3 ［美］约翰·杜威：《确定性的寻求：关于知行关系的研究》，傅统先译，上海人民出版社，2005 年，第 221～222 页。

知识模式"或表征主义的知识模式——我们可以获得对世界的表征，但世界又独立于我们对它的表征，因此知识所关注的是如何才能抵达那些被设想为表征能与之相符合的事物。[1] 只要拘泥于这样的知识模式，就无可避免地陷入形而上学真理的迷局——在发现真理之前，它存在吗？在发现真理的过程中，它会受到我们的干扰吗？即便发现了真理又如何知道？结果只能接受一种自相矛盾的"自然的习惯做法"：把被"废弃"的真理重新估价为"错误"，将新的真理向上推为"一向就真实"。[2]

正是这种自然的习惯做法将科学的真实内涵解读为基于启蒙理性的真理追求，并在"科学一元论"运动和"科学的世界概念"运动中将科学主义推向顶峰。在一个世纪前的"科学一元论"运动中，科学的真理性被提升到宗教启示的高度，有的科学主义者预言，物理学将最终把人类生活的所有方面转化为"单一的最初元素"。1909年的诺贝尔奖得主奥斯特·瓦尔德（Ostwarld W.）甚至明确宣称：科学将凭着它那不可估量的成功取代上帝的位置，我们会看到一元论世纪的到来。[3] 在"科学的世界概念"（科学统一）运动中，维也纳学派用科学主义彻底地替代了柏拉图主义的形而上学预设，他们主张：摆脱了形而上学的科学将成为统一的科学；对它而言，没有不可解的谜；在经过它的训练后，人们的思维可以在有意义的话语与无意义的话语、理智与情感、科学与神话之间进行严格的划界；科学方法不仅会对数学、物理、生物和心理学的基础作出澄清，还将对社会科学的基础进行澄清。[4] 尽管这两场运动都远未取得科学主

1 ［美］劳斯：《知识与权力：走向科学的政治学》，盛晓明等译，北京大学出版社，2004年，第2～3页。
2 ［英］F.C.S.席勒：《真理的制造》，载《资产阶级哲学资料选集》第六辑，第70页。
3 ［美］杰拉尔德·霍尔顿：《爱因斯坦、历史与其他激情——20世纪末对科学的反叛》，刘鹏等译，南京大学出版社，2006年，第8～10页。
4 同上，第13页。

义者所预言的成功，但科学主义及其标准的科学观却得到了广泛的传播，成为科学共同体（特别是理论科学界）的主流科学观，自然也是更广泛的科学传播的基调。

自那时以来，科学主义和反科学主义的纠结都是围绕着这一想象多于事实的科学观展开的，但由于包括 SSK 在内的反科学主义并未致力于清理标准科学观中的形而上学想象，而一味诉诸人文与社会价值因素，反使得反科学主义对科学主义及其标准科学观的质疑被误读为反科学。而真正值得追问的是：这种基于表征主义知识模式和形而上学真理观的标准科学观本身是否体现了科学的本来面目？如果说科学的目标不再是必须符合某种形而上学基础，那为何还要在经验或世俗的意义上保留与形而上学相伴生的真理这个抽象的目标？如果科学无需假真理之名，其实践目标又是什么呢？

在杜威看来，知识和真理并非科学的目标，科学的目的在于控制，知识的价值取决于操作结果。他将那种认为科学的发现揭示了最后实在和一般存在的固有特性的见解视为旧形而上学的残余，并对哥白尼革命作出了反本质主义的诠释："我们并不需要把知识当作是唯一能够把握实在的东西。"[1] 如果我们依然要保留真理在科学中的地位，就必须依照科学实践的真实情形对真理这个概念本身进行改造。为什么康德为科学设定的形而上学基础会在非欧几何和相对论面前烟消云散？还是因为康德没有看清哥白尼革命的真正启示在于一切形而上学的基础都不过是某种预设和假定，都只是登上知识殿堂的后楼梯？同样的，以认识论为主轴的传统科学哲学对科学的理性重构注定失败，也是因为其所倡导的词与物或语言与经验的映射游戏不能摆脱永恒存在和不变真理之类的形而上学魔咒。20 世纪早期的实用主义哲学家席勒（F.C.S.Schiller）提出的真理制造的观点对

---

1 ［美］约翰·杜威：《确定性的寻求：关于知行关系的研究》，傅统先译，上海人民出版社，2005 年，第 227 页。

解决这些问题有一定的启发意义。他认为真理实际上是人们对人的经验材料进行操作而制造出来的："认识的范围和可靠性的增长是借助成功的运用，借助以前存在的各套认识对新材料的同化及合并达到的。这些'体系'借助它们的'后果'，借助它们同化、预言和控制新'事实'的能力，不断地证实自身的真实。不过新事实不仅被同化了，它也改变着 [老真理] 。" [1]

如果放弃基础主义所预设的世界的有序性、统一性和规律性，或者仅仅将它们作为各种形而上学假定中的一种，我们就有可能通过局部的真理制造找到一些局域性的法则，并使这种真理的制造成为一种无止境的探索。在这种情境中，我们也可以保留人为自然立法这一认识论策略，不过要将立法的范围变成局域性的，并与操作和制造相关联。

---

1 ［英］F.C.S.席勒：《真理的制造》，载《资产阶级哲学资料选集》第六辑，第 69 页。

三、基于实践性因果关系的世界重构

　　如果我们将局域性的真理制造作为对科学活动的一种描述，就不再会仅仅将科学看成一种普遍性的知识体系，而会视其为人类的有效知行体系（它同时也是有限的，故也可称之为有限知行体系）。其实，即便是在柏拉图看来，知识的目的也是与行动联系在一起的。在《蒂迈欧篇》中，他指出造物者所造诸神在造人时最先造的器官是眼睛，而视觉是给人带来最大福气的通道："造物者将视觉赋予我们，是要我们能够注视天上智慧的运行，包括正常的和不正常的。进而，我们通过学习而分享它们，然后通过模仿造物者的完善运行来调节我们的游离运动。"[1] 很显然，不论是"模仿造物者的完善运行"，还是"调节我们的游离运动"，都不单涉及"看"和"知道"，而且涉及"做"和"行动"。

　　实际上，真实的现代科学大多应该称为实验科学，而这也是林德伯格所列举的第一种科学定义所主张的，只要认识到这一事实，就不难将科学重新定位为人类的有效或有限知行体系。首先，实验使得认知与操作结合为真实的科学实践。梅洛－庞蒂指出："去思考就是去尝试、去操作、去改造，唯一的条件是在实验控制之下：在这里，只有一些高度'加工过的'现象才会起作用，我们的仪器生

---

1 ［古希腊］柏拉图：《蒂迈欧篇》，谢文郁译，上海人民出版社，2005年，第32页。

产这些现象，而不是记录它们。"[1] 其次，基于实验科学的科学实践涉及的是近似性的知识和受到工具和精确度限制的操作，而且近似知识并不是比所谓纯粹的理论知识次一等的知识。一方面，所有的理论知识都只是抽象的理论模型的自我表征，很多抽象的理论只能在实验室中严格成立。在《实验室科学的自我辩护》中，哈金（Ian Hacking）指出，"理论不能在与我们所期望它们对应着的一个被动世界中得到检验，我们不能形式化一些猜想，然后去考察他们是否为真的"，高度抽象的理论和定律"至多对于那些从仪器抽象出来的现象来说是真的，而这些现象的产生就是为了更好地契合理论"[2]；另一方面，理论与应用难以分割，不应该将理论与应用的关系简单地理解为普遍性的理论知识的近似应用，而应看到理论与应用必然整合为有效或有限的知行体系。对此，法国科学哲学家巴什拉（Gaston Bachelard）强调，将应用条件融入理论和概念是科学的本质需要："科学实现其对象物，从来不会发现现成的对象物。现象技术扩展了现象学。当一种概念成为技术，当它伴随某种现实的技术时，这个概念才成为科学的概念。"[3]

即使我们将科学视为人类有效或有限的知行体系，依然会遇到一个问题：何以断定那些未被我们认识的事物是可能被我们所把握的？显然，如果"把握"涉及行动与控制等操作，那么为我们所认识的事物也应该是某种操作的结果。对此，席勒指出："只要我们的经验能借助一个预先存在的（从相对意义上）真实的'独立于'我们的世界的概念极其方便地组织起来，并在我们的经验能如此的范围之内，那么将这个世界设想成在我们参与这一过程之前在很大程

---

1 ［法］莫里斯·梅洛-庞蒂：《眼与心》，杨大春译，商务印书馆，2007年，第31页。
2 ［英］安德鲁·皮克林：《作为实践和文化的科学》，柯文、伊梅译，中国人民大学出版社，2006年，第59页。
3 ［法］加斯东·巴什拉：《科学精神的形成》，钱培鑫译，江苏教育出版社，2006年，第62~63页。

度上已经被'制造'成的也会是很方便的。"[1]受此启发，我们不妨引入一种赝形而上学预设：假定我们的宇宙就是被某种神秘的外在力量所制造出的，但我们永远不可能知道制造的方案和过程。在这种赝形而上学预设下，我们因为无望而完全放弃表征主义的知识模式，代之以一种步进式（step by step）的重构世界的逆向工程，即将科学的目标从以知识表征永恒不变的存在再定位为重构世界的实践。由于没有人可以找到既有世界绝对唯一的表征，虽然这种重构实践仍会受到大统一和一元论的诱惑，但其实践模式原则上应该是一种具有多元性和非统一性的型构（configuration），因为从一开始，不同的人所面对的就不是唯一的世界，而是被赋予了不同意义的诸世界。用古德曼的话来说，就是"世界的制造（worldmaking）是从我们已经把握的诸世界开始的，制造乃是再造"；在此过程中，"应该抛弃对唯一稳固的基础的虚假愿望，将唯一的世界置换为版本不一的诸世界，使实体（substance）消解为功能，将公认的所与（given）视为所取（taken），我们所面对的问题是诸世界如何被制造、尝试和知晓。"[2]

将科学的目标再定位为重构世界的实践，不仅可以克服表征主义所暗示的独断论，还可以避免陷入形而上学的虚无主义，甚至创造出可能性的世界。恰如席勒所言："人的制造实在的过程对制造在实用主义上真实的世界可能也是一个宝贵的线索，因为这个世界即使不是由我们制成的，也是由与我们自己的过程十分类似的过程发展而成的，我们自己的过程使我们能够理解这个过程。果真如此的话，我们将能够在同一概念下将真正的'实在的制造'与人的'实在的制造'结合起来。"[3]更重要的是，重构世界的实践在本质上具有创

1 ［英］F.C.S.席勒：《真理的制造》，载《资产阶级哲学资料选集》第六辑，第77页。
2 Nelson Goodman. Ways of Worldmaking. Hackett Publishing Company, 1978, pp6-7.
3 ［英］F.C.S.席勒：《真理的制造》，载《资产阶级哲学资料选集》第六辑，第77页。

造性和开放性。以化学为例，早在 19 世纪中叶，就有人指出化学是关于不存在的物质的科学，今天的材料科学、纳米科学和赛博科学正在"构思—制造"一个混杂（hybrid）的可能性世界。当然，这未尝不是一个美丽的新世界！

鉴于我们的赝形而上学预设并不必然支持基础主义的普遍知识体系，重构世界的实践的起点显然既不是表征主义意味的普遍规律，也非强还原主义色彩的万有理论，而是实践性因果关系。重构世界的科学实践建立在作用者或能动者（agents）的能动作用（agency）之上，而这种能动作用又表现为具体的作用者具有目的性或意向性的有限知行活动。那么，在科学实践中，作用者如何通过能动作用达到其目的呢？这就要诉诸那些用以引导能动作用的因果关系了。

论及原因，柯林伍德认为它主要有三种含义：①一个人的行为导致了另一个有意识的、能负责任的人的自由的、有意的行为；②人通过对一个事件或过程的控制导致或阻止了另一个事件或过程，或者说被描述为原因的事物总被视为自然界中的东西，它能由人类行为者产生或阻止；③独立于人的事件之间的因果关系，并认为它们分别对应着历史科学、实践自然科学和理论自然科学中的因果关系。[1] 其中，理论自然科学就是我们所论及的基于表征主义知识模式的普遍知识体系，实践自然科学则与我们倡导的作为人类有效或有限知行体系的科学接近。[2]

亚里士多德将这种自然科学称为"实践科学"，不是根据它是否为真，而纯粹是根据它的实用性来评价它，根据它给予我们的"控制自然的力量"去评价它，即培根式的科学中的"知识就是力量"，"通过命令自然使自然服从"。"实践科学"的领域是偶然的，或者用亚

---

1 ［英］R.G. 柯林伍德：《形而上学论》，宫睿译，北京大学出版社，2007 年，第 217 ~ 250 页。

2 同上，第 208 页。

里士多德的话来说，"可以用另外的方式存在"。

在表征主义知识模式中，第三种因果关系对应的理论自然科学中的因果关系可能最受重视，因为它被视为决定论意味的普遍性定律的基础，但这种理论性因果关系对决定论和统一性的寻求远没有设想的那么顺利，加之还原论及决定论本身的困难，使这类因果链的构建困难重重。

实际上，如果从大多数人类行为必然会采取的人类中心主义的视角出发，第一种因果关系无疑更为根本。现代数学家和数学物理学家外尔（Hermann Weyl）就曾经指出："我们对因果关系的实质最基本的直觉就是：我做了这事儿（I do this）。"[1] 如果以这类因果关系作为最基本的因果关系，那么第二和第三种就可以看作是第一种的拟人化外推，结果显然第二种优先于第三种，因为在第二种中，作用者可以明确意识到他是否希望影响和控制某个自然对象和过程并引发因果效应，而在第三种中，就变成了一种完全拟人化的情形。

一旦放弃表征主义的本体论承诺，就会发现科学实践首先是实践自然科学意义上的。第二种因果关系是具体的科学实践所真正探寻的，即便是理论自然科学中的定律和理论模型也必须建立在这种因果关系之上，故可称其为实践性因果关系。与理论性因果关系相比较，实践性因果关系表现出两个基本特点：其一是作用者视角，即从实践中的作用者的视角来探索自然，而非局限于对自然的旁观或思辨；其二是以操控（manipulation）为目的，即探索如何控制自然以达到作用者自己的目的。

在当代因果性研究中，有关作用者和可操控性（manipulability）的讨论有助于我们对实践性因果关系的理解。例如，冯·赖特（Von Wright）认为，可以用作用者的能动作用来界定因果关系："P 是一

---

1 Weyl, H. The open world. New Haven: Yale University Press, 1932, p31.

个与 q 相关的原因，q 是一个与 P 相关的结果，当且仅当通过做 p，我们能导致 q，或者通过抑制 P，我们能消除 q 或阻止其发生。"[1]
伍德沃德则指出："声称 X 导致 Y 意味着，至少对于某些个体而言，在适当的条件下（可能包括的操控是使其他变量取某个值而保持不变，以与 X 区分），他们有可能操控 X 所拥有的某些值，以改变 Y 的值或者 Y 的可能分布。"[2] 这些关注作用者和可操控性的因果观大致勾勒出了实践性因果关系的建构策略：通过作用者的可操控性介入，超越表征主义的知识模式，不断构建出可操控性的因果关系，进而拼接成一系列尝试性的因果链。这样一来，似乎实现了杜威式的哥白尼革命："在知识中，原因变成了手段，而效果变成了后果，因而事物有了意义。所认知的对象是经过有意的重新安排和重新处理过的事前的对象，也是以它所产生的改造的效果来验证其价值的事后的对象。"[3]

值得进一步思考的一个问题是，基于实践性因果关系的世界重构与表征主义知识模式下的真理寻求有何不同？我们可以借用德勒兹讨论过的两对概念，即潜在（potentiality）与实在（reality）和虚拟（virtuality）与实显（actuality）来回应这个问题。从表面上看，这两对关系所涉及的都是可能性及其实现，但潜在与实在的关系预设了从局外（如"上帝之眼"）所看到的确定的有限可能性及其选择，虚拟与实显的关系则涉及一种由有目的的提问所带来的开放性的解决方案，而后者更能体现科学实践的开放性特质。

在基于实践性因果关系的世界重构中，由于实践性因果关系始终与条件关系（if…then）保持莫比乌斯带式的共轭，因而虚拟化（virtualization）与实显化（actualization）相互交缠。简单地讲，

---

1 Ernest Sosa and Michal Tooley(ed.). Causation.OUP, 2002, p16.

2 Jim Woodward. Making Things Happen. OUP, 2003, P40.

3 ［美］约翰·杜威：《确定性的寻求：关于知行关系的研究》，傅统先译，上海人民出版社，2005 年，第 228 页。

虚拟化就是由提问引出的关于世界的想象，如形而上学、理论定律、模型、因果关系，等等；实显化则涉及介入式的问题解决和效果，如对事物的操控、功能的具体实现，等等。当我们在前文中说"理论自然科学中的定律和理论模型也必须建立在这种因果关系之上"时是指：即便是理论自然科学中的定律和理论模型，也是在这类因果关系基础上进行拼凑和虚拟化的结果，而且这些理论还要通过它们才能实显化。由此，评判理论的主要标准不是看它是否符合既有的根本性实在，而是看其能否获得实显。这样一来，理论或模型及其蕴含的形而上学预设就在世界重构找到了它们应有的位置——虚拟的动态蓝图：我们可以运用它们所主张的分类，但又不必将其绝对化（如称其为 natural kinds）；我们也可以将它们所构想的层次结构作为有用的切入点，但会根据需要判断是否接受强还原论、根本层次之类的假定；我们还可以研究它们所建构的实体，但可能只是以其作为透视世界中的复杂关系的一个视角。

作为人类有效或有限知行体系的科学观是对实践中的科学的真实描述，它对科学的透视，与当代哲学和科学的技术研究所揭示的非表征主义的技术化科学意象是一致的。

四、非表征主义的技术化科学意象

在当代科学与技术研究中，科学、技术、知识、人工物、文化、社会等要素不再拘泥于逻辑与概念上的分殊，而在实践层面互动整合。正是基于此视角，拉图尔、利奥塔等人在 20 世纪 70 ～ 80 年代引入了"技术化科学"（technoscience，直译"技术科学"，简译"技性科学"）这一实践性概念，以此诠释具有内在关联的科学与技术实践的复杂性与多向性，由此带来了基于异质性的技术化科学实践的科学—技术观：一方面，强调技术与科学在知识与人工物的建构中整合为同一过程；另一方面，坚持物质论的立场——"科学与技术通过物质性的行动与力量的相互转换而运作起来，科学表征是物质性操控的结果。"[1]

在当代科学哲学和科学技术研究之前，海德格尔和杜威两位思想大师曾分别从不同的角度深刻地阐发过与技术化科学十分投契的科学—技术观，这些思想资源无疑有助于我们更好地把握技术化科学的内涵。

在海德格尔关于现代技术与科学的存在论反思中，所持的是一种超验化（transcendentalize）的本质主义立场，其基本

---

1 Sergio Sismondo. An Introduction to Science and Technology Studies. Blackwell, 2004, p66.

理路是：①现代的命运取决于现代技术与科学共同具有的"技术之本质"——"座架"（Gestell）——兼具限定（stellen）与促逼（herausfordern）的去蔽（revealing）方式，使包括人在内的一切事物沦为技术对象和持存物（Bestand）[1]；②然而，其所揭示出的并非存在而只是存在者，现代性的危机源于这种方式遮蔽了其他的去蔽方式，令真理无法彰显，并使存在本身无处安身；③由此，即便这个世界有其超验的本质，也跟现代技术与科学无关，从而在根本上颠覆了"科学探究真理，技术应用科学"这一基础主义的科学—技术观。

海德格尔对现代技术与科学的批判，实质上是从反思的角度论述了他的科学—技术观，其基本论点有二。其一，现代技术与科学统一于现代技术之本质。而在这种超验视角下，科学与技术又是一种什么关系呢？他指出："科学乃是现代的根本现象之一。按地位而论，同样重要的现象是机械技术。但我们不能把机械技术曲解为现代数学自然科学的纯粹的实践应用。机械技术本身就是一种独立的实践变换，唯有这种变换才要求应用数学自然科学。机械技术始终是现代技术之本质的迄今为止的最为显眼的后代余孽，而现代技术之本质是与现代形而上学之本质相同一的。"[2] 在《现代自然科学与技术》一文中，他更明确地指出，现代科学与现代技术在本质上是同一的，与其说科学是技术的基础，不如说现代自然科学拥有技术化思维的基本形式。[3] 正是在共享"技术之本质"的意义上，"技术将存在揭示为持存物"与"科学将存在表象为对象"互为基础，科

---

1 Martin Heideggr. The Question Concerning Technology, in Robert C. Scharff and Val Dusek(ed.). Philosophy of Technology: The Technological Condition: An Anthology. 2003, pp252-264.

2 [德] 海德格尔：《海德格尔选集》，孙周兴译，上海三联书店，1996年，第885页。

3 Trish Glazebrook. Heidegger's Philosophy of Science. Fordham University Press, 2000, p252.

学与技术成为相互交织的统一体。

其二，现代技术与科学是一种操控性和制造性的实践。根据《世界图像的时代》的论述，科学研究即"认识把自身建立为某个存在者领域（自然或历史）中的程式（vorgehen）"，在本质上具有可操控性；而"唯有在自然知识已经转换为研究的地方，实验才是可能的"，因为实验意味着"表象出一种条件，据此条件，在其过程之必然性中的某种运动关系才能成为可追踪的，亦即通过计算事先可控制的。"因而，内在于现代技术与科学的"技术之本质"，导致了世界成为图像和人成为主体这两大相互交叉、决定了现代之本质的进程，此进程就是作为图像的世界被征服的过程，其中"图像"（bild）的内涵是"表象着的制造之构图"。[1]

与海德格尔相反，早在 1929 年，杜威就在《确定性的寻求：关于知行关系的研究》中从正面阐述了他的实用主义的科学—技术观。首先，他将科学视为一种借助行动来进行认知的知行合一的探究活动。他认为，科学认知过程事实上已经废弃了对知行界线的划分："知识必须有观察而观察是深入自然界所知对象之中的"[2]；"实验的程序已经把动作置于认知的核心地位"[3]。其次，前文已经论及，他强调科学的目的在于控制，知识的价值取决于操作结果。他指出："思想的任务不是去符合或再现对象已有的特征，而是去判定这些对象通过有指导的操作以后可能达到的后果"[4]；"知识的准绳在于用来获得后果的方法而不在于对实在的性质具有形而上学的概念"[5]。

----

1 ［德］海德格尔：《海德格尔选集》，孙周兴译，上海三联书店，1996 年，第 887 ~ 904 页。

2 ［美］杜威：《确定性的寻求：关于知行关系的研究》，傅统先译，上海世纪出版集团，2005 年，第 165 页。

3 同上，第 26 页。

4 同上，第 104 页。

5 同上，第 170 ~ 171 页。

在杜威的思想中，渗透着反本质主义和实用主义的实在论的思想。他认为，认知活动意味着一种存在与另一种存在的交互作用。认知者在世界之内，其所经验的世界就是一个实在的世界（real world），但其原始状态并非我们所认知的世界，所经验的对象唯有通过一系列的认知操作才可能被赋予以形式和关系，实在因此得到重构并可能被纳入受控制的变化进程。他认为，真正可与哥白尼革命相媲美的哲学变革在于：放弃本质主义并诉诸经验实在，不再试图通过把握本质而获得绝对的确定性，转而运用主动控制调节的方法寻求高概率的安全性，即把判断的标准从依据前件转变为依据后果，从无生气地依赖过去转变为有意识地创造未来。[1]

在杜威对知行关系的论述发表多年之后，在科学哲学和科学与技术研究中，也开始反思杜威拒斥过的知识的表征主义模式。在这种对于知识的镜像式的理解模式中，存在一个难以克服的悖论：一方面，为了保证表征的无误，认知主体只能被动地接受并反映认知对象或所与（given）；另一方面，在表征的过程中，认知主体又必然有其自身的视角并受到工具（即便这种工具拥有超越的透视功能）等条件的制约。因此，受到这种观念影响的传统科学哲学虽然曾经在对科学理论知识的研究中收获颇丰，但在其内部的知识整体论和历史主义学派的冲击下，作为其预设的经验论的基础主义和超历史的真理观不得面对相对主义的挑战。

在这一挑战下，科学理论不再理所当然地被视为具有真理性的、与世界相符合的表征，也不再拥有绝对优先的地位。这迫使科学哲学领域内外的一些学者或者视技术为科学的内在要素，或将技术与科学整合进异质性的实践网络，或将技术与科学统一于

---

1 ［美］杜威：《确定性的寻求：关于知行关系的研究》，傅统先译，上海世纪出版集团，2005 年，第 223 ～ 224 页。

人的知觉层面的现象，开始从新经验主义、科学与技术研究（如后SSK）和现象学等不同的视角关注"作为技术的科学"（science as technology），不再将技术视为低科学一等的"科学的应用"，而从技术与科学相互交织（interwoven）的角度统观二者，形成了一组不同于基础主义的科学与技术意象的非表征主义的技术化科学意象。

从实验实体到现象创造

面对基于后实证主义和建构论的相对主义的挑战，新经验主义的基本策略是诉诸实验以拯救实在论，强调实验实体与现象创造，这使狭义的技术化科学的意象——作为实验科学的意象得以凸显。

针对由相对主义激发的科学实在论与反实在论之争，哈金（Ian Hacking）提出了实体实在论。他指出，关于科学实在论与反实在论的探讨大多拘泥于理论、解释和预言等层面，在这些层面上的争论必然是没有结论的。只有在实验等技术实践层面，才可能为科学实在论辩护，并且这种实在论并不是一般意义上关于理论和真理的实在论，而是关于实体（entities）的实在论。哈金认为，尽管两种实在论看似孪生关系，但事实上大多数实验物理学家都是实体实在论者而非理论实在论者。在实验物理学家看来，电子不是理论实体，而是实验实体。当他们承认电子和夸克真实存在时，是因为对这些原则上无法直接观察的实体的有规则的操控，能产生出新的现象，并引向对自然的新探究。在他看来，干预与制造都是形成实在的素材（stuff）。他从培根的思想中看到，实验者之所以相信实体的实在性，是因为他们能把握实体具有的因果属性（casual properties）并将其用于干预自然。一些实体在发现之初，不过是假设的实体，而一旦掌握了它们所具有的因果力量（casual power），就可以用它们建造一些实验设施并产生新的效应，实体因此变得真实。[1] 在实体实在论的基础上，哈金又提出了现象创造的论点，强调实验现象是由科学家创造的。他拒斥了"实验科学家发现世界中的现象"这一刻板意象，并指出"实验就是通过创造和制造获得精致而稳定的现象"，而现象是"公开的、规则的、可能是规律般的，但也可能有例外的"[2]。他认为，有史以来在实验室中首次产生的现象就是制造出来的，如霍尔效应就是由霍尔在实验室中创造出来的。当然他也注意到现象创造不等于物理实体的创造。

对此，哈雷（Rom Harre）也主张，论及真实世界的行动与实体时必须研究实验，科学之所以有所发现是因为它能制造人工物，研究者训练有素的行动是实验现象与自然的因果属性的中介，并且实验现象不能纯化为仪器探测的语用（pragmatics）关联，实验室技能不可通过归纳论证模式加以还原。他强调，在当代科学中，科学发现所与（given）实在而技术仅以造物为旨归的二分已经消弭，真实世界的因果属性是某些实体在一定条件下可探测到的能力（capacities，此概念在卡特赖特处得到发挥），只有通过恰当的仪器才能揭示实验现象的因果机制进而驱使自然释放其能量。[3] 显然，正是实验实体的功能性的呈现和发挥使其得以证明自身的真实性：一方面支撑起理论实体对世界的结构性描述，另一方面也决定了可以揭示的现象的范围及其深度。实验科学中涉及的实体和现象的内在的功能性和技术性是使其成为科学的前提，也正是在这种意义上，我们可以说实验科学是技术化科学。

---

1 Ian Hacking. Experimentation and Scientific Realism. Philosophical Topics, vol. 13, no.1, 1983, pp71-87.

2 Ian Hacking. Representing and Intervening: Introduction Topics in the Philosophy of Natural Science. Cambridge University Press. 1983, p222, p230.

3 Rom Harre. Modeling: Gateway to the Unknown. Elsevier. 2004, pp viii - ix.

从实验室科学到实践的冲撞

拉图尔等人倡导的实验室研究和渗透于技术化科学概念中的异质性实践分析方法激发了后SSK研究，形成了整合性的科学与技术研究进路，也带来了广义的技术化科学意象——"实验室科学"或作为实践和文化的技术化科学。

拉图尔在《科学在行动：怎样在社会中跟随科学家和工程师》(1987)一书中提出了技术化科学这一概念，旨在描述"正在形成的科学"(science in making)，并冀图以此涵盖所有与科学或技术实践相关的异质性要素。他从行动者—网络理论出发，在符号学的意味下考察了各种人和非人的作用要素的相互作用，从文本到实验室再到自然，将其诠释为一种以技术为中介并负载权力的创造和解决争端的社会建制。显然，他所说的技术是一般的操作和制造意义上的。一方面，作为中介的实验室是产生记录的地方，但我们并不是通过仪器直接把握自然，而是对仪器所显示的可视的内容进行解释。为了减少不同解释间的冲突，实验室会引入新仪器，直到就解释达成某种共识。因此，人们所说的自然或科学事实并不像传统科学观所声称的那样——被发现、独立于科学解释而存在并作为科学争论的裁判，而是恰恰相反——科学事实是在实验室中建构的，是实验室与权力关系相互影响的结果。另一方面，科学并不是少数人的事业，而是一种大规模的知识生产机制。当人们使用"科学和技术"这一虚构的概念来谈论科学活动时，会形成一种错误的刻板印象：少数科学家和工程师担负着生产事实的全部责任。[1]

技术化科学这一概念的内涵并不仅仅指涉内在于当代实验科学的技术性，而意在进一步揭示当代科学技术活动的基本特征——

---

[1] ［法］布鲁诺·拉图尔：《科学在行动：怎样在社会中跟随科学家和工程师》，刘文旋、郑开译，东方出版社，2005年，第289页。

异质性的社会文化实践。在拉图尔等人的实验室研究的基础上，实验哲学家哈金从对科学实验的关注转向对"实验室科学"的讨论，并与皮克林（Andrew Pickering）等人共同开启了后 SSK 研究。在哈金看来，"'实验室'（laboratory）是一个远比'实验／试验'（experiment）严格得多的概念"，"实验室科学在孤立状态下使用仪器去干预所研究对象的自然进程，其结果是对这类现象的知识、理解、控制和概括的增强。"[1] 而引入这一概念辨析的根本原因是，实验室科学能够较实验科学承载更多的实践与文化意蕴，以此为要津，可以透过实验室之中和实验室之外所有可见的异质性文化因素的相互作用，将科学理解为一种实践的过程。[2] 正是在此意义上，实验室科学呈现出广义的技术化科学意象——作为实践和文化的技术化科学。

沿着后 SSK 的脉络，其代表人物皮克林运用"实践冲撞"的概念，从人类学视角分析了作为实践和文化的技术化科学的意象。大抵受到德勒兹的影响，皮克林一反西方对隐藏于世界背后的永恒秩序的追求，转而主张一种基于人与物的力量（agency）的实践冲撞（mangle of practice）所带来的开放式的世界场景。他指出，我们不应该认为世界是由隐藏的规律控制的，不应只关注表征，因为那样只会导致人和事物以自身影子的方式显示自身，即便是科学家也只能在观察和事实框定的领域中制造知识。而真实的世界充满了各种力量，始终处在制造事物（doing things）之中，各种事物不是作为人的观察陈述而依赖于我们，而是我们要依赖于物质性力量，人类一直处在与物质性力量的较量之中。[3] 因此，应该超越仅仅作为

---

1 ［加］伊恩·哈金：《实验室科学的自我辩护》，载安德鲁·皮克林编著：《作为实践和文化的科学》，柯文、伊梅译，中国人民大学出版社，2006 年，第 36 页。

2 ［英］安德鲁·皮克林：《作为实践和文化的科学》，柯文、伊梅译，中国人民大学出版社，2006 年，中文版序言第 2～3 页。

3 ［英］安德鲁·皮克林：《实践的冲撞：时间、力量与科学》，邢冬梅译，南京大学出版社，2004 年，第 6 页。

表征知识的科学，运用操作性语言（performative idiom），把物质的、社会的、时间的维度纳入其中，将"科学（自然包括技术）视为一种与物质力量较量的持续与扩展。更进一步，我们应该视各种仪器与设备为科学家如何与物质力量较量的核心。作为人类的力量，科学家在物质力量的领域内周旋……构造各种各样的仪器和设备捕获、引诱、下载、吸收、登记，要么使那种力量物化，要么驯服那种力量，让它为人类服务"[1]。在他的论述中，有一种德勒兹式的后人类主义存在论，即主张以人和物的非二元论组合来取代人类在历史行动中的中心地位。在作者看来，这不仅仅凸显了技术化科学的文化实践意象，更昭示着技术化历史这一后人类情境。

从知觉拓展到工具实在

现象学作为一种欧陆的思想资源更倾向于将科学和技术作为一种整体现象加以考察，也就是说在相关的语境中，提及科学往往也包含了技术，谈到技术并不排斥其科学内涵。因而，在现象学乃至解释学层面更易于呈现技术化科学意象。

在科学哲学中，克里斯（Robert P. Crease）曾用现象学的方法探讨过实验。[2] 他将实验类比作表演（performance），认为其所上演的是自然之剧（play of nature）。他从胡塞尔的知觉现象的双重视域（内与外）出发，结合杜威的科学探究观，将科学实体视为可以运用可读技术加以把握和探究的现象。在后 SSK 谱系中，论及实验室作为解释科学成功机制和过程的场所时，诺尔－塞蒂娜（Karin Knorr Cetina）放弃了理性或合理性等视角，转而诉诸梅洛－庞蒂（Merleau-Ponty）的"自我－他者－事物"（self-other-things）系

---

1 ［英］安德鲁·皮克林：《实践的冲撞：时间、力量与科学》，邢冬梅译，南京大学出版社，2004 年，第 7 页。

2 Robert P. Crease. The Play of Nature: Experimentation as Performance. Indiana University Press, 1993.

统和科学所制造的现象域（phenomenal field）在形式上的重组。她认为，"对于梅洛－庞蒂来说，'自我－他者－事物'系统并不是独立于人类行动者，独立于主观印象，或独立于内在世界，而是一个被经历的世界（world-experienced-by），或与力量者相关的世界（world-related-to-agents）。实验室研究所暗示的实验室是一种改变与力量者相关世界的手段……它改进了与社会秩序相联系的自然秩序。"[1] 这种改进依赖于自然对象的可塑性：实验室很少研究那些仿佛是在自然中显现的现象，而大多研究对象是想象或视觉的、听觉的或电的等的踪迹，并进而研究它们的构成、提取物和纯化了的样本。以天文学为例，随着观测仪器和信息处理手段的提升，天文学正在从观测科学转变为处理影像的实验室科学。[2]

伊德（Don Ihde）的现象学意味的工具实在论所彰显的也是技术与科学相互会同的意象。他认为，假如人们可以借助仪器拓展知觉，即便是一些涉及高深抽象理论的科学研究也是与知觉高度相关的，甚至可以在知觉层面使人的身体获得拓展，而涉身（embodiment）于最前沿的科技现象之中。[3] 他运用"知觉解释学"的方法将身体对世界的知觉与解释结合起来，由情境主义的方法揭示了作为经验中介的科学工具如何创造出新的知觉，并获得了工具实在论的立场：科学是一种解释学实践，依赖工具对事物的科学分析，真实的世界只有当其为科学工具所构建时，才成为科学探究的对象。他十分重视可视性，进而主张科学的视觉主义（scientific visualism）。他指出，X射线、CT、MRI、声纳等图像技术使得事物变得可视，甚至像文本一样可

---

1 诺尔－塞蒂娜，《睡椅、大教堂与实验室》，载安德鲁·皮克林编著：《作为实践和文化的科学》，柯文、伊梅译，中国人民大学出版社，2006年，第122页。
2 同上，第133页。
3 Val Dusek. Philosophy of Technology: an Introduction. Blackwell, 2006, pp22-23.

读。在较弱的意义上，这种视觉主义的工具实在论认为，已经有越来越多实在被工具转换为图像。在较强的意义上，则意味着工具可以使得其他不可视的实在变得可视。这些科学透视装置不仅意味着愈来愈多的科学的对象得到显示，还可能塑造和改变我们所能感知的世界。正是在这个意义上，伊德也谈到了技术建构（technoconstruction）。[1] 伊德的研究再次表明，在现象学层面科学与技术可以在现象域整合为技术化科学。

---

1 Don Ihde. Expanding Hermeneutic: Visualism in Science. Northwestern University Press, 1999, pp158 −177.

第四章 多元主义与自然主义的科学观

　　科学是一个统一的帝国还是一个松散的共和国？科学哲学对不同科学之间和科学与哲学之间的关系的反思也是对什么样的科学是可接受的科学这一问题的一般性思考。自逻辑经验主义式微之后，科学哲学大致经历了后实证主义和新经验主义两次转向，一元论的科学的世界观和科学统一运动等逻辑经验主义的目标被基本消解，科学哲学从"科学的哲学"嬗变为"关于科学的哲学"。在历史主义和建构主义的后实证主义运动之后，出于对科学经验能力的增长的关注，新经验主义和科学技术研究越来越多地聚焦于对科学实践的局域性经验的考察：一方面，反对一元论的基础主义和表征主义，倡导科学的多元主义，探寻超越表征主义认识论的整体论进路，并提出了能动者实在论的构想；另一方面，从自然主义的视角重新界定科学哲学与科学和形而上学的关系，致力于探讨科学哲学的自然化和形而上学的自然化的可能。

一、从科学一元论到科学的非统一性

　　自柏拉图以来，寻求统一知识的努力一直没有中断，其最近的一种形式就是科学的世界观或科学一元论。20世纪初逻辑经验主义兴起的主旨之一就是试图构建一个单一的、融贯的并构成所有科学基础的"科学的世界观"。卡特赖特（Nancy Cartwright）将这种世界观称为基础主义，即所有事实必须属于一个第一范畴的事实具有特殊和特权的地位的宏大图式。[1]这种本体论意义上的基础主义往往与表征主义认识论相互支持，后者主张人们可以通过理论知识表征自然，描摹、映照和反映独立于主体而存在的世界的真实面貌。沿着这一理路，科学一元论的基本观点是：①科学的终极目标是建立一种对自然世界（或科学所考察的那部分世界）的单一、完整和可以理解的解释；②世界的本性至少在原则上可以通过这一解释得到完整的描述或说明；③至少在原则上存在一些探究方法，若其得到正确的遵循，就能形成这种解释；④探究方法是否被接受取决于其能否形成这种解释；⑤对科学理论或模型的评价多半取决于它们能否提供或接近于提供一种基于基本原理的完整和可以理解的

1　[英] N.卡特赖特：《斑杂的世界：科学边界的研究》，王巍、王娜译，上海科技教育出版社，2006年，第27页。

解释。[1] 由此，科学一元论及其基础主义和表征主义会进一步导致还原论或附生性，即所有的自然科学理论或定律要么可以还原为一个基本物理理论的定律，要么为一套基本定律所附生，前者意味着基本层次的定律或属性充分而必要地规定着高层次的定律或属性，后者意味着基本层次的定律或属性充分但非必要地规定着高层次的定律或属性。

统一的科学运动落幕之后，这种建立在形而上学预设之上的知识蓝图开始受到系统性的质疑。对此，科学家出身的元科学研究者齐曼指出："不存在一个单一的实在的'科学'地图——或者，即使有，它也会太过复杂和庞大，以至任何人都不能掌握或使用它。但是有很多关于实在的地图，它们分别来自不同的科学观点。"[2] 这实际上反映了科学中种种旨在统一和大统一的研究纲领纷纷以失败而告终的实情。正是这一基本事实，促使新经验主义者一方面致力于否定由"唯一的、完备的以及演绎封闭的一系列精确陈述"构成的"伟大的科学理论"的存在，另一方面则进一步思考科学寻求局域实在的可能。

新经验主义的非一元论首先试图以本体论的多元主义为科学的非统一性奠定形而上学基础。本体论的多元主义主张，世界由不可还原的多元种类和属性所组成，并试图以此说明不同科学之间的差异。杜普雷（John Dupré）试图超越自然种类（nature kinds）[3]，主张将多元主义与实在论结合起来，以一种"混杂实在论"（promiscuous realism）为非统一的科学奠定形而上学基础。杜普雷

---

1 Stephen H. Kellert, Helen E. Longino, C. Kenneth Waters(ed.). Scientific Pluralism. University of Minnesota Press, 2006, px.
2 [奥] B. 费耶阿本德:《征服丰富性——抽象与存在的丰富性之间的斗争的故事》，戴建平译，中国人民大学出版社，2007年，第152页。
3 自然种类源于柏拉图的本质主义意味的"Carving nature at its joints"，在当代科学哲学中，对自然种类的主张一般指由科学所揭示的客观事物或过程。

通过"混杂实在论"强调，我们对事物的划分总是依赖于我们的理论或目的，尽管这并不意味着不存在客观的事物分类，但它并不是唯一的，即不存在所谓自然种类，只存在真实种类，个体事物可能并行不悖地归属不同的真实种类。例如，一个人可以同时是人、男人、主教、哲学教授等，但他并不绝对地属于其中一类，因为其中的任何一类都不具有优先性，他也没有什么本质属性可确定其归属；但他并未因为这些种类的平权而否定其存在，反而认为没有理由主张它们不是同等真实的实在。杜普雷对自然种类的否定的目的就是倡导形而上学的反还原论，他拒斥一切形式的还原论和有关完全因果关联的假设，对世界可能呈现的有序程度持完全开放的态度。[1] 显然，杜普雷的激进的多元主义本体论立场已经超越了具体的科学甚至科学本身。基切尔（Philip Kitcher）的"多元实在论"（pluralistic realism）则主要基于对生物学领域的物种、机体和进化过程的思考。他指出："多元实在论所基于的观念是我们的客观旨趣可能是多样的，我们在进行生物学探索时所需要的不同形式的说明可能具有客观正确性，以至产生于不同的生物学领域的自然图式可能是关于自然构成的交错分类。"[2] 同时，他还认为，反还原论有助于深入揭示生命领域的自然本体，避免物理主义或陷入封闭的物理因果关系。

在此前提下，本体论的多元主义通过与反还原论或非还原论的结合直接为科学的非统一性辩护，也为非物理科学争取领域自主。本体论的多元主义与反还原论或非还原论的结合旨在表明，世界存在的方式是拼凑，并非所有的种类都属于物理种类或与之相关联，物理学之外的各门具体科学的研究内容不能简单地还原为物理对象，科学不可能通过还原实现统一。换言之，还原论或物理主义的成功

---

1 Peter Galison and David J. Stump(ed.). The Disunity of Science: Boundaries, Context, and Power. Stanford University Press, 1996, pp101-117.

2 Philip Kitcher. In Mendel's Mirror: Philosophical Reflection on Biology. OUP, 2003, p128.

固然能够从物理层面揭示世界的构成方式或真理，但这远远不是所有事物的真理，反还原论的主张并不是由于我们目前的认知不够完善，而是对生命、心灵等问题进行深刻反思的结果。

但这种基于本体论的辩护可能会遭遇双重困境。一方面，混杂实在论和多元实在论都有可能陷于一种极端的多元主义，为克服一元论和还原论而不得不付出相对主义的代价。另一方面，这种努力依然会遭遇一元论和还原论的侵蚀：既然物理学还原在很多领域获得了成功，那么得到还原论说明的事物就可能在原则上由基本物理定律所决定。即便生命科学能够予以说明的生物有机体的某些行为难以完全由其物理构成加以说明，还原论者和物理主义者依然可以声称，生命现象之下的物理定律导致了这一切，尽管我们不知道其原因和方式。[1] 这一困境表明，在形而上学层面，由具体科学揭示的实在外推出的本体论的多元主义并不能动摇科学一元论，也难以为科学的非统一性或生命科学等学科的自主性提供强有力的依据。实际上，由事实外推的形而上学的本体论立场最终可能只有诉诸直觉才能作出抉择，要超越科学一元论尚需寻找新的进路。

1 Steven Horst. Beyond Reduction: Philosophy of Mind and Post-Reductionist Philosophy of Science. OUP, 2007, p124.

二、超越表征主义的整体论进路

在科学哲学的历史主义学派之后，建构主义的科学知识社会学从认识的偶然性和情境依赖出发，主张激进的多元主义和相对主义，但其对启蒙理性的解构受到了科学界的强烈拒斥，并引发了所谓的"科学大战"，其主要原因在于，双方争论的焦点拘泥于科学理论陈述是否为真。实际上，当代科学实践关注的是实用性和目的性，而不再囿于科学所蕴含的启蒙理性及其普遍的法则与规律。恰如波塞尔（H. Poser）所言："在理论方面，重要的是是否有效果有用处，而不再是真理，或者准确一点，有关效果的陈述是否是真。"[1] 由于没有认识到这一点，"科学大战"成为一场关于启蒙科学真理观的稻草人之争。尽管科学知识社会学对科学的建构主义式的解构有其文化价值，但它也表明，如果仅仅关注科学理论而忽略科学活动中的主体、工具和物质的介入，对科学的微观经验研究（如社会学、人类学）很容易导致相对主义。

从某种程度上说，科学知识社会学的多元主义和相对主义立场与其说是基于理论建构的社会根源的偶然性，不如说是在社会文化层面对理论自身的有限性和不完备性加以放大的结果。例如，在柯林斯（Harry Collins）的《改变秩序：科学实践中的复制与归纳》中，

---

1 ［德］H.波塞尔：《科学：什么是科学》，李文潮译，上海三联书店，2002 年，第 236 页。

有关相对主义的经验纲领（EPOR）的论述策略就是将古德曼的新归纳之谜、维特根斯坦对规则的反思以及赫西（Mary Hesse）的概念网络拓展为文化适应层面的多重确立（multiple entrenchment）。[1] 事实上，当科学知识社会学将科学家和实验室放到社会文化价值网络之中时，恰如蒯因的知识整体论将知识置于整体的信念之网，往往会暗示某种相对主义。其根本原因在于，这些研究涉及的所谓语境的约束并不是科学探究实践中所真正涉及的全部经验约束——由科学所探究的那部分世界与人的互动所形成的整体性约束或所谓由世界对主体的开显所产生的约束，如果看不到这种约束对认识的影响，就会陷入表征主义和一元论，若仅仅考虑到其中的一部分，又难免走向相对主义。

为了既超越科学一元论及其基础主义与表征主义，又不致陷入相对主义，新经验主义者不再局限于对理论和定律的关照，转而将知识整体论拓展到建构模型和实施实验等实践范畴，从一种整体论的认识论而不仅仅是微观社会学的角度阐释真实的科学过程中的多重稳定性（mulitistability）。多重确立与多重稳定都承认在经验层面（而非形而上学层面）一种现象可以同时有多种说明，其不同之处在于，前者强调一种说明并不比另一种说明更正确而易暗示相对主义（A 不比 B 更正确），后者则强调一种具有实践稳定性的说明并不能排斥另一种也具有实践稳妥性的说明（A 可能与 B 同样正确）。多元主义的要义在于，一方面，它拒斥相对主义，认为各种具有实践稳定性的说明对于现象的探究都是必要的，可能同样正确或恰当；另一方面，它拒斥一元论，即强调不存在某种形而上学的必然性，能使这些"同样正确"的说明在内涵毫无减损的情况下整合到其中的一种说明或整合入一种更完全的表征之中。

新经验主义的代表人物卡特赖特和吉尔（Ronald N. Giere）

---

1 ［英］H. 柯林斯：《改变秩序：科学实践中的复制与归纳》，成素梅等译，上海科技教育出版社，2007 年，第 17 页。

等人认为，不应该将理论静态地视为一套语法式公理或一套由抽象
实体组成的语义模型，而应该动态地"将做理论理解为模型的建构"。
对建构模型而言，一个较为合适的模型不一定与纯粹理性或逻辑指
称相关，而更多地关乎建构模型者的意图、目的和抉择，其中所涉
及的理性是有条件的和工具性的。[1] 对于大多数科学家来说，运用模
型主要是为了表征实在，但这种表征完全有别于传统的表征主义知
识模式或认识论意味下的反映和摹写。一方面，传统的表征主义认
识论有认识却无认识的主体，或者说只有一种上帝的视角（God's
eye point of view）；另一方面，将科学活动简单投射为科学语言
实体与世界之间的关系。吉尔等人则意识到，自然语言的本质是文
化的人工物，语用是比语法和语义更为基础的层面，语法和语义是
从语用中突现出的特性。若将关注点转向科学实践，就应该从真实
的表征活动入手，关注能动者，即那些进行表征活动的科学家。鉴
于科学家是有目的和目标等意向性的能动者，表征活动可以形式化
地表述为：科学家 S 为了目的 P 而用 X 表征世界 W。[2] 由此，即便
固守传统科学哲学所关注的语言实体与世界的语义关系和证据关系，
对这些关系的思考也应该从主体基于其旨趣而对假设的接受与拒斥
出发。具体而言，在"做理论"或模型建构的过程中，科学表征即
科学家为了各种不同的目的而使用不同的模型表征世界的某些方面。
而且，模型是通过抽象的相似性来表征世界的，所有的模型受到特
定旨趣与视角的影响，不存在一种完全、直接地表征世界的所有方
面的模型或理论，这不仅涉及世界的复杂性和科学的有限性，还在
于对世界的诸方面的界定与选择取决于主体的意向与旨趣。由此，
科学家获得的关于世界的说明是从他们对不同问题的回答中产生的，
而这些问题又为其所使用的表征体系所框定。

1 Ronald N.Giere. Science Without Laws. The University of Chicago Press, 1999, p7.
2 R.N.Giere. How Models Are Used To Represent Reality. Philosophy of Science,71(5), 2004, p743.

　　这是一种纳入了不同主体视角的认识论的透视主义(perspectivism，又称视角主义）或透视多元主义（perspectival pluralism，又称视角多元主义），而且这种透视是与认知、工具和文化等相关的。以此反思传统科学哲学所关注的科学观察，就不难看到观察不仅仅涉及简单的"看"或照相似的记录。一方面，观察者不再是抽象的主体（表征主义认识论暗示，观察者不过是以客观态度"科学地"观察的抽象主体）；另一方面，几乎所有的科学观察都需要仪器，但它们只对现象的某个方面敏感，并不存在一种能够记录自然对象和过程的所有方面的仪器。重要的是，要使这种重新思考不至于陷入相对主义，必须超越观察语言与理论陈述等概念层面，转而从真实的科学过程中寻找实现多重稳定的机制。其主要进路有如下三个方面：其一，自然主义者多从认知的角度阐发这一机制，即以人的认知过程对多元主义施加稳定性的约束。吉尔试图通过对色觉的分析作为其透视多元主义的注脚。[1]他指出，尽管一些人的色觉有别于一般人群（如红绿色盲或只能感知黑白灰度者），我们只能说一些人的色觉比另一些人更丰富，而不能说某种更正确，而且它们之间并不能相互转换。其原因在于，颜色与其说是对象的属性不如说是对象与特定的视觉系统相互作用的结果，或许我们的视觉系统所提供的特定视角不同于他人，却不易相互比照。据此，吉尔认为，与人的视觉系统类似，仪器仅仅对某些特定的输入敏感，而可能无法感知其他的输入，而且仪器的输出是由输入和仪器的内部构造共同决定的，没有一种仪器具有完全的透视功能，也不可能找到完美的符合世界的模型，人们只能运用特定的模型对世界的某个方面作出断言，却无以寻求大统一理论或终极理论。霍斯特（Steven Horst）则倡导认知多元主义（cognitive pluralism），以此既为科学的非统一性提供基础，又

---

1 Stephen H. Kellert, Helen E. Longino, C. Kenneth Waters(ed.). Scientific Pluralism. University of Minnesota Press, 2006, pp26-41.

通过认知构建的约束引入多重稳定：①科学定律和理论是关于世界的特定方面的模型；②这些模型是建模这一认知过程的产物，故其形式取决于人的认知构建（cognitive architecture）；③科学模型是理想化的，而理想化又的确具有多种形式；④每个模型都用于某些特定的表征系统；⑤模型的理想化或表征系统的选择会对不同模型及关于各部分的模型的整合造成障碍；⑥人的认知构建的经验事实会制约模型的构想、理解和使用，作为我们的认知人造物的科学因而可能是非统一的。[1] 从某种角度来说，这一进路可以视为"认知整体论"——人的认知构建的整体性使得透视在具体的与境组合中实现多重稳定性。另外值得指出的是，在此进路中，胡塞尔与梅洛庞蒂的现象学已经成为重要的思想资源。例如，伊德就试图通过现象学的变换令不变性得以显现进而获得某种收敛性。[2]

其二，实验哲学等新经验主义则强调科学仪器、工具和技术在实验和观察中所扮演的介入者和调节者的角色。新经验主义认为，实验及其技术过程使得自然对象和过程首先被纳入一种可以控制的运行机制之中，进而转换为一套由常量和变量构成的模型，而模型在实验中既是"技术的（techne）"又是"认识的（episteme）"——它们用"某物如何工作"来描述"某物为何"。[3] 哈金指出："实验为科学实在论提供了最有力的证据。这并非因为我们可以验证关于实体的假设。

1 霍斯特又称其为语用的（pragmatic）和认知的多元主义，这反映出一种自然主义认识论的旨趣。值得略加辨析的是，在科学哲学走出语法和语义导向之后，语用（pragmatic）和语境（context）在很大程度上已经超越了语言范畴，故在不直接涉及语言活动时，译为"实用"（如中国台湾省的蔡铮云将 pragmatics 译为"实用学"）和"与境"（另一种流行的译法）似可避免歧义。Steven Horst. Beyond Reduction: Philosophy of Mind and Post-Reductionist Philosophy of Science. OUP, 2007, p122.

2 Don Ihde, Evan Selinger(ed.). Chasing Technoscience. Indiana University Press, 2003, p125.

3 Karl Rogers. Modern Science and the Capriciousness of Nature. Palgrave, 2006, pp52-58.

其原因在于那些原则上不可观察的实体可以被有规则地操控并进而用于产生新的现象和探究自然的其他方面。它们是用于行动（doing）而非思考的工具和仪器。"[1] 皮克林和哈金还进一步将这种朴素的实体实在论提升为一种整体论的认识论——主张将假说、仪器和理论模型视为一种整体性的弹性资源，认为它们在实验中体现出的相互包含、调节乃至博弈构成了一种连接信念、理论和行动的整体，并视其为对杜恒论题与蒯因的知识整体论的扩充。由此可以得到一种兼顾多元主义和多重稳定性的"知行整体论"："我们的理论至多对于那些从仪器抽象出来的现象来说是真的，而这些现象的产生就是为了更好地契合理论。仪器运作中所发生的修正过程，无论是物质性的（我们对其进行固定），还是智力性的（我们对其进行重新描述），都在致力于我们的智力世界和物质世界的契合。这就是科学的稳定性。"[2]

其三，在科学哲学的传统论题中通过语用学和修辞学引入语境整体论，探讨加入社会与文化因素后的多元与稳定的双重可能性。在社会文化语境中，科学说明的形式不再拘泥于语法或语义层面，而可能是这样的形式：在问题语境 P 中，S 通过表达 u 向 H 说明为什么 q。其中涉及的"为什么"往往和语境相关，在不同语境中"为什么鸟儿会飞向非洲？"这个"Why"问题的答案各异，而"为什么亚当会吃苹果？"则更需要对语境加以澄清。[3] 实际上，如果将科学说明与其他类型的说明同等看待，科学说明往往需要同时具有语用与修辞功能，其形式可以是：在语境 C 中，A 为了目的 I 而通过表达 X 向 B 说明 W。这些说明可能发生在科学共同体中和科学共同体外，对它们的探讨有助于对科学知识的社会过程中的多元化及其稳定机制的理解。

---

1 I.Hacking. Representing and Intervening. CUP, 1983, P262.
2 ［美］安德鲁·皮克林：《作为实践和文化的科学》，柯文、伊梅译，中国人民大学出版社，2006 年，第 59 页.
3 J. Persson (ed.). Rethinking Explanation. Springer, 2007, pp43-68.

三、走向能动者实在论与多元主义

多元主义者超越一元论和表征主义认识论的初衷之一是为具体的科学（非物理学或物理学中的非基本层次研究）寻求领域自主。其进路之一就是前文已经讨论过的"混杂实在论"等本体论的多元主义，但它们的形而上学预设与表征主义的认识论相同，将实在视为一种独立于主体之外的形而上学存在，仍无法跨越本体论与认识论的鸿沟。与此类似，卡特赖特的局域实在论（local realism）强调，科学所面对的不是基础主义预设的理性化的世界——一个受系统的或齐一的定律支配的统一的世界，而是一个由各异的领域组成的"斑杂的世界"（dappled world），各种定律只在这些各异领域中适用，它们不可能还原为一套简明统一的基本定律，而只能松散地拼凑在一起。然而，这种形而上学努力最终只能求助于上帝——"上帝仍可能选择成为一个形而上学的多元论者"。[1]

这一困境使多元论者不得不放弃外在论或形而上学的实在论，转而沿着普特南的内在实在论（internalist realism）的理路，提出了能动者实在论（agential realism）等基于主体的能动因（agency）与世界的相互作用的整体论意味的参与实在论。女性主义者巴纳

---

1 ［英］N.卡特赖特：《斑杂的世界：科学边界的研究》，王巍、王娜译，上海科技教育出版社，2006年，第25～39页。

德（Karen Bard）[1] 认为，应以操作性的形而上学（performative metaphysics）取代表征主义，与表征主义将认识与世界归约为词与物不同，操作性的形而上学主张，我们所面对的世界建基于能动者的内在相互作用（agential intra-action）。受到康德的物自体与现象二分和玻尔的对量子测量的解释的启示，巴纳德指出，首要的认识论单位不是独立的客体而是现象，而能动者实在论的主旨在于强调现象不是观察者与被观察对象之间的区分标志，而是基于能动者内在相互作用的不可分割的存在论构造，或者说现象是存在论意义上的原初关系——没有预先存在的关系者的关系。当代著名理论物理学家惠勒（John A.Wheeler）则更激进地指出："要么承认：'宇宙，无论是否毫无意义，都将进入存在，并按照自己的道路运行……生命只是宇宙机制中的偶然和意外。'要么就从人择原理再往前走一步，承认这个针锋相对的观点更为接近真理，即：宇宙，通过某种过去与未来的神秘耦合，要求未来的观察者赋予过去的创世以力量！"[2] 但劳斯（J.Rouse）、古丁（D.Gooding）、皮克林（A.Pickering）和诺尔—塞蒂娜（K.Knorr Cetina）等新经验主义者则更愿意诉诸科学实践过程，将科学视为人与世界相互作用的方式而不仅仅是观察与描述的方式，认为所有的现象都被人的行动所包围着，都在与人的力量相互冲撞中使其自身和人的力量得以显现。

前文我们曾论及，在当代因果性研究中，有关能动者和可操控性（manipulability）的讨论有助于我们对科学实践中的因果关系的确立的理解。这种关注能动者和可操控性的因果观大致勾勒出了科学实践中的因果关系的建构策略：通过能动者的可操控性介入，不断构建出可操控性的因果关系，进而通过拼接形成一系列尝试性的因果链。

---

1 Karen Bard. Posthumanist Performativity: Toward an Understanding of How Matter Comes to Matter. http://www. nchsr.arts.unsw.edu.au/TwoCultures/Barad.pdf.
2 ［美］J.A.惠勒：《宇宙逍遥》，田松译，北京理工大学出版社，2006年，第48页。

　　从能动者实在论这一基于世界的整体性内在相互作用推出的可操控性因果关系可支持多元论和寻求多重稳定性。华特士（C.Kenneth Waters）介绍了这么一个思想实验：有一个圆筒形的不透明玩具，内部有若干层带有圆孔的隔板，最上层的圆孔的直径最大，往下每层的孔的直径逐渐减小，现在从上面的开口投入带有各种色彩的圆球（直径皆小于最上层的圆孔），假定相同颜色的球直径相同，如绿、蓝、黄、红等直径渐次增加，只有绿色小球能通过最下层并从开口找到，问题是研究小球应满足什么条件才能达到最下层。[1] 有一种解释模型可能认为，这是一个颜色选择装置，但这种簿记式的模型并未抓住小球落到最下层的真正原因。如果运用伍德沃德的操控性因果关系进行反事实条件分析，不难排除这类虚假的原因（如果将所有的球涂上绿色，它们还会通过吗？），但对基于直径或周长的改变的因果解释都能同等接受。

　　这一思想实验的启示是，对于生物学、化学等领域而言，理论模型的选择可以通过可操控性因果关系进行判断，而不必论其是否为基本层次，是否找到全部或终极原因，这一进路对摆脱一元论的潜在影响是有益的。值得指出的是，一些非还原论的"温和的多元主义"，往往会导致或暗示一元论的立场：①一种温和的多元主义认为，世界可分为若干块，每一块可用某一个模型或理论加以说明，这虽然不是基础主义或还原论的，却可能是一元论的，即对于每个特定现象而言只有一个最佳的解释；②另一种温和的多元主义认为，尽管关于世界的概念或系统等分类反映出认识者的不同旨趣，一个关于 X 的理论表述的所有真理都可以转化为关于 X 的其他理论表述的真理，这似乎表明，存在一个能够包容所有说明旨趣的单一且一致的理论体系；③还有人之所以持多元态度大概因为尚不能预见相

---

1 C. Kenneth Waters. Why Genic and Mutillevel Section Theory Are There to Stay? Philosophy of Science, Apr 2005, 72(2): pp311-333.

互竞争的理论中哪个能够对现象提供完全说明，只好分头试探，寻找那个单一的理论。在这些潜在的一元论立场的背后，就是本体论意味的因果性的存在假定，这一假定使得找到所有的原因或终极的原因成为科学理论最终得以接受的标准。如果从可操控性因果关系出发，就可以超越一元论及其形而上学泥淖，放弃对所谓基础层次和基本定律的追寻，而从发现可以独立操控的参数入手，运用微扰分析等方法寻找那些可操控的因果性，对复杂的问题建构起多元的说明模式。朗基诺（H. Longino）[1] 在有关行为研究的案例中指出，有关行为的研究至少存在四种并行的进路。这些研究表明，行为涉及多重因果要素，但研究者不可能同时对它们进行测量，而只能有所选择。每一个选择都导致了相应的因果世界、问题子集及其可能的答案。

近年来，随着生物学哲学、认知科学哲学和化学哲学等领域的兴起，还原论与反还原论、还原与突现等问题得到了进一步的讨论。而值得指出的是，其基本立场不再是形而上学层面的本体论之争，而是立足于对具体科学实践的经验分析。其主流立场就是基于经验的多元主义：一种研究进路的合理性不在于其本体论上的优越性，而取决于其经验有效性；反过来说，从科学中得出普遍的形而上学结论是不可能的。尽管科学的多元主义也谈论世界（the world），但认为探究世界的各部分的具体科学能否完全用一个单一的理论加以解释是一个开放的问题，而不是一元论的形而上学真理。如果单一的基本理论不一定存在，从某种本体论假定出发将科学的终极目标设定为单一的、完全可理解的理论就未必具有合理性。

最近的一些相关研究指出，还原论和反还原论之争不应该从本体论出发推出方法论和认识论原则，而应该看到科学家在这些

---

1 Stephen H. Kellert, Helen E. Longino, C. Kenneth Waters(ed.). Scientific Pluralism. University of Minnesota Press, 2006, pp102-131.

问题上是机会主义者，他们更关心的是方法论准则能不能促进科学探究，能不能获得更多研究成果。或者说，科学家往往是从具体的情境出发决定采取何种方法，他们在研究理论物理学或神经生理学时可能会诉诸还原论，但在化学或进化心理学研究中甚至在使用还原论的同时不一定会完全相信还原论。例如，在癌症研究等复杂的领域中，不同的研究进路（如基因研究和组织研究）都可能带来知识的进步，但它们之间是相互分离的，目前尚无系统的关联；而这些分离的知识往往是形而上学预设、科学实践和得到研究的现象互动的结果。[1] 这显然是一个受到各种条件制约的过程：科学家可能会从某种形而上学预设出发，这些预设限定了研究问题的类型，这进一步促使科学家设计有针对性的实验开展研究。在这个过程中，哲学家往往关心还原论或有机论，但科学实践则首先要受到技术条件和实验发现的制约，有机论者固然可以坚持其研究纲领，但关键在于如何能够设计相应的实验并在实验中观测到有利的现象（如下向因果关系）。在有关化学哲学的讨论中，还原与突现在本体论与认识论上的纠结受到了质疑：还原或突现的解释力是随着具体的问题而变化的，应该将认识论与本体论分开，即关于我们如何知晓世界的声称要与关于世界是什么的声称区分开来。[2] 如果从本体论意义上对现象作出还原或突现解释，即相信被解释的现象所涉及的还原或突现关系是某种固定的本体论关系，就可能导致两类解释的对立。因此，最好将还原或突现理解为认识论意义上的，即对现象采取还原或突现解释不仅取决于世界本身，还与我们所选择的用于描述世界中的关

---

1 J.A.Marcum. Metaphysical Presupposition and Scientific Practices: Redutionism and Organicism in Cancer Research, in International Studies in the Philosophy of Science, Vol 19, No.1, March 2005, pp31-45.

2 Lee McIntyre. Emergence and Reduction in Chemistry:Ontological or Epistemological Concepts？in Synethese, 2007, 155: pp337-343.

系的方式相关。不论世界在本体论关系上的本性和秩序如何，在赋予它们任何含义之前必须运用语言和理论范畴对其加以解释，而用以描述因果关系的方式在解释中与实在本身所起的作用一样重要，鉴于理论描述的多样性对于同一个实在往往不存在唯一的解释。正是这种描述的多元主义使得像化学这样的"第二科学"（secondary sciences）具有了某种"概念自主"（conceptual autonomy）。"第二科学"的"概念自主"并非本体论意义上的，也无意打破从物理学到化学再到生物学和心理学的科学的本体论等级，而只是强调：科学解释不仅仅是在所谓最基本的层次上捕获关系，因为是否为基本层次在很大程度上取决于我们用以框定探索主题的那个描述层次。"第二科学"并不仅仅坐待还原而自有其优势，突现亦非取代既有因果描述而旨在提供一种替代解释。

由这些讨论我们得到的启迪是，科学哲学如果要对科学有所助益，就应该反省其自身的思维方式的优势和局限性。形而上学的思考或本体论的预设的作用应该是批判性的或尝试性的，要避免陷入普遍性或一元论的迷雾之中。不论从复杂性研究或系统科学还是从有机论或整体论出发可以批判还原论及其局限，但并不必然就可以找到一种一元论的非还原论或整体论的研究纲领。将世界说成是混杂实在、有机实在不过是一种形而上学的本体论预设，究竟该如何去认识"那个整体"、"那个世界"，或者说"那个整体"、"那个世界"归根结底是什么，都是面向经验开放的问题，都不应该有简单或直接的答案。说未来的科学必须走向某种整体论或者必然出现某种科学革命，如同拉普拉斯说他可以根据初始条件推演出宇宙的一切变化一样，似乎难免陷入独断论或一元论。同样的，科学也不会走向什么都行的相对主义。实际上，科学的未来之路何在，可能是一个科学问题，而不一定是一个恰当的哲学问题。若一定要予以回应，从新经验主义意味的多元主义出发，应该可以看到一个虽然有限、但不乏可能性与变易的知识图景。而未来的科学是否会走向整体论，这种整体论是本体论、认识论还是方法论意味的，也都是由科学实践经验决定的开放的问题，不可避免地要从多元主义出发。

四、自然化的科学哲学与形而上学

在当代哲学中，近年来出现了两股颇具影响的潮流，一是自然主义日益成为一种流行的立场和方法，二是形而上学研究呈现出前所未有的复兴之势。前者主张哲学研究应该在自然或科学的概念与理论架构之内展开，后者则强调曾经被逻辑实证主义所排斥的形而上学问题不仅有意义而且值得深入探究。在这两股潮流的影响下，科学哲学和形而上学研究中出现了自然化的科学哲学和自然化的形而上学两种新的研究进路。自然化的科学哲学主张科学的自然主义，将科学哲学视为某种"第二哲学"——基于科学工作的后续研究，反对仅从哲学的角度而非科学的目的对科学所接受的方法、证据或本体论等加以哲学上的限定。自然化的形而上学主张形而上学的自然主义，即强调形而上学等哲学研究应该是对自然的科学理解的一部分，必须建立在自然——目前最好的科学所提供的经验基础之上，而不应诉诸任何超自然的因素，不论是理性洞见还是哲学直观，都与神圣权威一样不再能作为哲学论证的依据。对这两种研究进路的考察和反思，既有助于理解当下科学哲学的基本路向，还令当代科学中的形而上学问题研究的目标、方法以及科学与形而上学的关系等得到进一步廓清。

自然主义、科学与形而上学

作为一般的思维方法或思想观念，自然主义的基本立场可以简单地概括为哲学和科学只研究自然中真实存在的事物和现象，并用自然存在而非超自然存在对其加以解释。从观念史的角度来看，自然主义缘起于近代科学或自然哲学对盛行于中世纪哲学的超自然神启解释的超越，它最终使得科学从哲学中脱颖而出，成为对自然存在的最佳解释。近代以来的科学无疑是实践自然主义的典范。牛顿等早期自然哲学家依然将科学所发现的自然规律视为由上帝创造的宇宙秩序，但到 18 ~ 19 世纪之后，科学开始摆脱神学的束缚，并与哲学渐行渐远。作为科学研究对象的自然随之成为一个具有自身解释力的自主领域，不仅神学的创世独断为进化生物学所取代，哲学关于思想和理性的学说也受到实验心理学等经验科学的挑战。特别是进入 20 世纪以来，科学因其成功地以自然因素解释自然现象而最终超越诉诸思辨或超自然力量的哲学与神学，自然因而等同于科学所提供的自然图景。

面对科学的成功，哲学曾试图予以规范，却以失败告终。从唯理论、经验论到康德的综合既未能提供描述世界的统一体系，也没有给知识奠定坚实的基础。尽管当代各个流派的哲学家都不得不承认，只有经验科学才能描述自然、社会和人类心理等现象，但包括现象学和分析哲学在内的大多数哲学流派依然强调，哲学具有更关键的使命——哲学在逻辑上先于科学，科学不能离开哲学的奠基和指引，唯有哲学方能厘清科学活动的意义，或对其提出批判，或为其有效性辩护，即必须以某种形式的哲学统领和规范现实的科学，使其能够真正地理解和把握自然与人类社会。然而，这些具有反自然主义或非自然主义意味的规范性哲学研究纲领并未获得成功。一方面，随着现代生物学、认知心理学和神经科学等具体科学的发展，哲学已难以对其进行引导和规范，如现象学很难如其初衷那样对科学中精细的经验内容加以批判，分析传统的科学哲学也不再能简单地诉诸理论还原（如将所有的科学还原为物理学）而赋予科学以统一性；反过来，这些经验科学所提供的新的经验和概念工具则成为哲学理解思想、语言和知识必不可少的前提。另一方面，在科学哲学中，基于物理学案例的逻辑经验主义对生命科学和认知科学缺乏解释力，历史主义以及当代科学论的研究则进一步表明，科学哲学并不能给科学设立某种统一的规范，如划界标准、一般方法或理论发展模式，等等。

规范性哲学研究纲领的失效，使自然主义成为当代哲学不得不采取的重要策略。不论是在分析哲学还是在现象学的新近发展中，自然主义已经成为一种流行的哲学立场——哲学必须具有经验基础，自然之外别无规范性权威。窥其大端，当代自然主义有两层含义。其一是"在自然之内"，即否定超自然事物和现象的存在，仅仅在自然的范围内理解世界和我们自身，或者说将世界和我们自身当作自然存在加以把握。在此层含义中，自然盖指宇宙中真实存在的事物，如自然主义中的物理主义者就试图证明"宇宙中所有自然存在的事物在本质上是物理的"。其中，哪种实体或过程是自然存在完全取决于科学而非哲学。其二是"跟随科学"，如法因（A. Fine）所倡导的自然的本体论态度（the natural ontological attitude，NOA）：仅以科学自身的术语呈现科学，力避将解读硬加进科学之中。[1] 类似的，在数学哲学家玛黛（P. Maddy）看来，自然主义意味的数学哲学不是一种在超越数学的基础之上对改造数学提出批评和建议的事业，而确信对数学这项成功的事业应该以其自身的术语加以理解和评价。[2] 正是基于此两层含义，自然主义者喊出了"没有第一哲学"、"哲学是自然科学的延续"等主张哲学"自然化"的口号。

自然主义实质上强调了科学相对于哲学的独立性和先在性，或者说形而上学等哲学研究在一定程度上相对于科学的依附性和后在性。自然主义将科学视为一种自身具有良好秩序的成功的实践或事

---

1 Fine, A. The Shaky Game: Einstein Realism and the Quantum Theory.Chicago,IL: University of Chicago Press, 1996, P149.

2 Maddy, P. Naturalism in Mathematics. Oxford: Clarendon Press, 2001, P171.

业，认为哲学不具备能对科学加以规范的独立的权威性，而且科学的合法性和可接受性并不需要一套（居于自然之外或之上）所谓自然的形而上学为其辩护或奠基。毋庸置疑，科学在一定程度上不可避免地包含形而上学因素，但究竟是多大程度上并无正确答案。[1] 故玛黛和法因等自然主义者虽然并不反对研究科学中的形而上学等哲学问题，但主张采取一种紧缩的哲学立场（deflaltional philosophy position）。紧缩的哲学立场主张是指，哲学家不试图从成功的实践推出科学应该是什么样子，而是简单地接受科学的成功并力求理解之。[2] 这也意味着，自然主义式的哲学研究只是试图接受并理解科学所揭示的实体或过程，而并不对这些实体或过程的恰当性作出判断或加以哲学上的限制。

自然主义者对科学中的形而上学研究既不反对也不加以特定的形而上学限制，这种立场的恰当性在于它主张的是一种有限的哲学，而这种有限的哲学将我们对形而上学的思考限定为一种在内容和方法上与经验科学相联结的历史性的探究。柯林伍德指出，亚里士多德至少用三种名称来称呼过形而上学，其一是第一科学，其主题在逻辑上先于其他科学主题，尽管在研究顺序上排在最后；其二是智慧，即超越科学本身发现其逻辑前提；其三是阐明神的本质的神学。柯林伍德认为，形而上学并不是所谓关于纯粹存在的科学（因为不存在这种科学）；而是科学思想在某一个阶段的绝对预设，即形而上学是一门历史科学。但形而上学家往往有意地隐去形而上学的历史性，从而夸大了形而上学的绝对性，使其陷入独断论。其表达形式化不应该是"什么预设了（或曾预设了）……"而应该更精确地表达为"在这样一个科学思想的阶段绝对预设了（或曾绝对预

1 Chakravartty, A. Matephysics between the science and philosophies of science. In Magnus,P.D. and Busch, J.(ed.): New Waves in Philosophy of Science. Palgrave Macmillan, 2010, pp69-70.

2 Ritchie, J. Understanding Naturalism.Stocksfield: Acumen, 2008, P4.

设了）……"。[1] 为了克服传统形而上学因隐去历史性而导致的独断论——实际上这也就是逻辑实证主义拒斥形而上学的根本原因，自然主义不再像亚里士多德那样企图从整体上把握实在及其结构，也不再像康德那样将形而上学任务界定为寻求先验的无需经验辩护的必然真理，而是试图将形而上学真正建立在经验科学的基础上。由此导致了自然化的科学哲学和自然化的形而上学两条新的研究进路，这无疑有助于形而上学回归其作为历史科学的应有之义。

科学的自然主义

20 世纪初，逻辑实证主义者拒斥形而上学的一个重要原因是，他们认为科学已经日臻完善和自足，既不能确证又难以反驳的形而上学问题变得毫无意义。梅洛－庞蒂在评价 20 世纪初这种用科学来解释存在的"小理性主义"时指出："它设想一种无边的科学已经在事物在被确立，实际的科学已经达到了它的完善之日"；"在这一时刻，将'实在的整体'封闭在一个关系网络中"；"这一'理性主义'在我们看来充满种种神话：含混地处在规范和事实中间的种种自然法则神话，人们认为这一虽然盲目的世界正是依据它们才得以构成的；科学说明的神话，仿佛对于种种关系，甚至延伸到对于所有可观察的东西的认识，有朝一日能够转换成一个相同的命题，并且从它自身中产生出世界的存在本身"。[2] 这些神话源于从哥白尼到牛顿的科学革命的成功，并且通过康德的先验形而上学补上了绝对预设这一环节，但这却使 17 世纪所具有的活跃的本体论走向式微。对此，梅洛－庞蒂不无怀旧地指出："17 世纪是这一幸运时刻，当此之时，自然知识和形而上学知识相信找到了共同的基础。它创立了自然科学，却没有使科学的对象成为本体论的标准。它承认某

---

1 ［英］R.G. 柯林伍德：《形而上学论》，宫睿译，北京大学出版社，2007 年，第 57 页。
2 ［法］莫里斯·梅洛－庞蒂：《哲学赞词》，杨大春译，商务印书馆，2000 年，第 125 页。

一哲学突出在科学之上，却没有成为科学的对手。科学对象是存在的一个方面或一个层次；它在它所处的位置上获得解释，或许我们甚至可以借助它学会认识理性的力量。但这一力量没有在那里被穷尽。"[1] 而"人们后来再也没有找到哲学和科学的这种一致，这种超越科学而不摧毁之，限制形而上学而不排斥之的自如"。[2] 如何找回这种哲学与科学之间的自如无疑是包括科学哲学在内的当代哲学必须面对的一大挑战。

逻辑实证主义及其后继正统的科学哲学的基本旨趣是为科学的合理性和实在性辩护，试图对科学认识的真伪及其所描述的实在是否存在提出规范性的理论，但不仅未能如愿以偿，而且还因其所设定的规范的无效导致了对科学的哲学误解和由这些误解引起的论争——如"科学大战"。科学哲学家派平（Papineau.D）将当代科学哲学大致划分为科学认识论和科学的形而上学两大领域：科学认识论研究如何为科学所声称的知识辩护，科学的形而上学从哲学上探究科学所描绘的世界特征。前者追问科学理论的真伪；后者关注的是，如果科学理论是真的，关于世界能告诉我们什么。[3] 科学哲学早期的研究主要集中在科学认识论上，其对科学理论的辩护遭遇到杜恒—蒯因的不确定性论点、历史主义学派以及后实证主义的挑战，始终未能找到一种关于科学认识和方法的强规范性判准，即无法确切地界定"当且仅当满足……时，X 是科学"。为了应对这些挑战，正统的科学哲学转向通过科学实在论为科学辩护，对不可观察实体的实在性的辩护使得关于实在的本质等形而上学问题成为科学哲学的论题。尽管普特南和波义德等人通过"无奇迹"论证和最佳说明

---

1 ［法］莫里斯·梅洛－庞蒂：《哲学赞词》，杨大春译，商务印书馆，2000 年，第 126 页。

2 同上，第 129 页。

3 Papineau,D. Introduction. in Papineau,D.(ed.): The Philosophy of Science Oxford University Press, 1996, P1.

推理为科学实在论辩护，但劳丹却指出，科学史表明成功的理论往往为假，其所主张的实体并不存在。总之，确证整体论、辩护整体论和语义整体论等使得科学中涉及的知识的真理性、方法的普遍性以及实体的存在性变得不确定，科学哲学在认识论和形而上学层面都无法达到规范性。

这一整体性的理论挫折促使人们开始反思正统科学哲学的研究方式自身的合理性。规范性的科学哲学理论的失效导致了双重的终结——费耶阿本德等宣称的正统科学哲学的终结和建构主义的科学知识社会学所宣称的标准科学观的终结——并在社会文化层面又被误读放大为科学的终结。而在自然主义者看来，这种失败或许是必然的，它是自笛卡尔以来所有"第一哲学"最终必然招致的失败。在"第一哲学"的谱系中，笛卡尔的怀疑主义、休谟的归纳问题、康德的超验哲学等都试图运用哲学方法，通过抽象提升后的哲学范畴探讨所谓首要的、普遍的、绝对的、确定的哲学原理，使哲学成为作为所有知识基础和行动前提的第一位的和奠基性的思考。这些"第一哲学"要么声称先于知识而拒绝常识与科学，要么远远超出了常识与科学的范畴。在"第一哲学"看来，哲学认识是第一位的和先于经验的。在前文中已论及，康德在《自然科学的形而上学基础》中指出，"一种理智的自然学说，只有作为其基础的自然法则被理解为先天的、而不仅仅是经验的法则时，才有资格叫作自然科学"，"本义上的自然科学要以自然的形而上学为前提"。[1] 在正统的科学哲学中，也显现或暗含着这种"第一哲学"的观念，对科学划界、理论与观察、因果性与规律等进行的抽象研究甚至已经导致了一种误解——科学即科学哲学所界说的科学，对这些问题的理解是进行科学研究的前提和基础。但实际上，正像培根的《新工具》并没有导致科学革命一样，正统的科学哲学在科学界也必然地受到了冷落。

---

1 ［德］康德：《自然科学的形而上学基础》，上海人民出版社，2002 年，第 3 页和第 5 页。

鉴于正统科学哲学与真实的科学之间的隔膜，出现了科学论和自然化的科学哲学等新的研究进路，科学论主张将科学置于社会历史文化语境以反思科学知识的客观性，自然主义者则试图运用科学的方法研究科学哲学问题。自然化的科学哲学是指在自然和科学的架构内进行哲学探究，使哲学成为科学工作的延续，而不仅仅为了哲学研究的目的给科学增加不必要的形而上学负担。为此，玛黛主张科学哲学应该定位为第二哲学——用科学方法研究哲学特别是科学哲学问题："为了给科学和常识奠定更加坚实的基础，笛卡尔的沉思者首先诉诸哲学方法而拒斥科学与常识上的感觉；我们的探究者则科学地前行，运用科学与常识回答包括哲学在内的问题。对笛卡尔的沉思者而言，首先君临的是哲学；对我们的探究者而言，哲学则是其次的光临者。"[1] 由于第二哲学的工作方式更像科学而不是传统的哲学，故它尽量减少超越科学本身的高层次的分析和质疑，同时还强调所谓科学方法并没有什么一般性的定义。在进行形而上学探究时，第二哲学家并不诉诸任何关于科学的正式定义，也不借助任何超越其正在尝试的真实方法的辩护手段，而仅仅指像科学那样以日常感知为起点，由此进行系统的观察、展开实验、建构理论和进行试验，并在这些工作中不断接近、校正和改进方法。[2] 法因的自然的本体论态度与第二哲学的旨趣和方法十分接近，一方面，它竭力避免任何外在于科学的理论承诺和主张，如某一科学事实对实在论或科学进步的解释力等，拒绝一般的实在论争论；另一方面，主张进入科学的细节，探讨究竟存在什么及其在什么程度上为真。[3]

第二哲学与自然化的科学哲学所持的是一种科学的自然主义的

---

1 Maddy, P. Second Philosophy: A naturalistic method. Oxford University Press, 2007, P19.

2 同上，2007，P41.

3 Ritchie, J. Understanding Naturalism. Stocksfield: Acumen, 2008, P107.

立场.科学的自然主义,就是主张科学自身是一种有良好秩序的实践,哲学没有规范科学如何去做的独立权威性。对于哲学特别是科学哲学,科学的自然主义要求:①把哲学和科学作为一个整体或者说将哲学视为科学工作必不可少的一部分;②运用科学的方法即自然主义的方法;③在自然即当下最好的科学所解释的自然中展开研究。如果说 17 世纪的科学与哲学的相处自如是在自然哲学的大屋顶下获得的,那么如今的科学与哲学的自如相处则应该在自然科学的架构下运行。如果哲学成为科学的一部分,哲学家或许会担心"哲学何为?"但情况绝不会像极端自然主义所主张的那么简单——"存在即科学告诉我们的存在",因为任何科学所解释的存在都不是没有理论和概念框架的纯粹的经验存在,都不可避免地具有形而上学预设或本体论承诺,科学家实际上一直在自觉和不自觉地直面哲学问题。而问题的关键在于,科学的自然主义不再像"第一哲学"那样进行外在的和总括性的——因而难免是隔膜的和独断的研究,而是在科学之中,以科学"土著"的身份,"零敲碎打"地直接面对科学研究所涉及的哲学问题。

形而上学的自然主义

自然主义不仅将哲学视为科学工作的延伸,将形而上学和本体论探究视为科学的应有之义,还从整体论的立场出发强调科学与形而上学之间并无明确的界限。这一思想甚至可追溯至逻辑实证主义。尽管早期逻辑实证主义拒斥形而上学几乎已是定论,但实际上依然对时间和空间的结构进行过探讨。一些重要的逻辑实证主义者还曾论及超越经验的概念框架。赖辛巴哈和石里克相信,虽然有的科学理论在整体上可接受经验检验,但其所预设的一些概念框架本身无法接受经验检验。卡尔纳普后期也曾指出,语言的概念框架是约定的——语词在句子中的意义取决于界定其使用规则的框架,不存在唯一正确的概念框架,而且只有在概念框架之内,才能根据经验对理论陈述的真伪作出判断。[1] 在这些工作的基础上，蒯因的知识整体论将经验意义的单位设定为整个科学，主张本体论问题与科学问题是等同的，两者合为一体而不可分，思辨形而上学与自然科学之间的界限因此变得模糊起来。[2]

一旦放弃了形而上学与科学的分野，形而上学便可以与科学一样自然化，并与科学的自然主义相交融。自然化的形而上学主张形而上学的自然主义。如果说科学的自然主义指向如何根据科学自身的需要进行科学哲学研究，那么形而上学的自然主义则关注如何从科学所揭示的自然出发探究形而上学问题。前者强调把哲学视为科学工作的延伸，试图立足科学内部，运用科学方法对科学中的具体问题进行必要的哲学说明；后者强调将科学视为哲学的基础，旨在依据最好的科学结论追问科学及其所描述的世界的形而上学预设和本体论承诺。在很多情况下，两者实际上是有重叠和交叉的。

自然化的形而上学或形而上学的自然主义必然要遇到三个问题：①自然化的形而上学是否比先验的形而上学更优越？②科学能否回答或指导形而上学问题？③如何根据最好的科学进行形而上学探究？第一个问题涉及如何界定形而上学。在分析的形而上学家看来，形而上学所提供的框架不仅使各门科学在其中得以构建，还使各门科学能够相互关联。形而上学研究的内容包括同一性、必然性、因果性等普遍应用的概念和它们所涉及的问题，如结果能否先于原因等。同时，还致力于使事物、事件、性质等基本的形而上学范畴之间的关系系统化，令其比包括物理学在内的任何经验科学都深刻。[3]

---

1 Ladyman, J.Does Physics Answer Metaphysical Questions? In O' Hear, 2007.A. Philosophy of Science. Cambridge University Press, 2007, P179.

2 [美] 蒯因：《从逻辑的观点看》，陈启伟等译，中国人民大学出版社，2007 年，第 22 ~ 47 页。

3 Ladyman, J.Does Physics Answer Metaphysical Questions? In O' Hear, 2007.A. Philosophy of Science. Cambridge University Press, 2007, P181.

他们大多主张形而上学的先验性和自主性，倾向于强调形而上学即概念的分析、澄清与辩护。但问题在于，如何解释概念分析所得到的究竟是实在的深层结构还是仅仅显示我们如何思考实在和划分其范畴。值得追问的是，虽然缺乏认识基础和数学并不妨碍形而上学实现其高深目标，但这种先验的形而上学能否像科学和哲学那样产生有价值的成果？固然可以认为形而上学是对可能性的揭示与辨析，但曾经被先验的形而上学认为不可能的非欧几何和非决定论的因果性却实际上是可能的。因此，形而上学探究不可能完全脱离对自然的研究而自主，自然化的形而上学是较先验形而上学更为严谨的形而上学。

如果自然化的形而上学是形而上学的不可回避的选项，就遇到了第二个问题。由于形而上学无法直接作出经验预言，故其结论无法直接经由科学理论加以确证。但通过对比——形而上学理论可能与科学理论契合或不契合，可以由科学理论的确证和证伪反过来增强或削弱形而上学理论，也就是说，科学结论的成败可以反过来增强或削弱作为其预设和前提的形而上学。对此问题，霍雷（K.Hawley）指出存在三种立场：①乐观主义主张，有理由认为成功的经验科学涉及的形而上学声称是真的，即形而上学实际上建立在科学之上；②极端悲观主义主张，没有任何理由可以认为成功的经验科学涉及的形而上学声称是真的，即形而上学实际上从未建立在科学之上；③适度的悲观主义主张，虽然有理由认为成功的经验科学涉及的形而上学声称是真的，但尚无与这种情形相符合的案例发生，即形而上学虽然在原则上可建立在科学之上，但并未出现过。[1] 要在这些立场间作出选择，必须考虑两方面的问题。其一是不确定性，即不论形而上学声称是作为科学研究纲领的硬核还是范式的一部分，有时候很难与经验陈述截然区分，科学史上的很多实

---

1 Hawley , K. Science as a Guide to Metaphysics. Synthese, 2006, p149, pp451-470.

体与形而上学声称无法区分，在有些情况下，有些实体（如燃素、以太）往往随着经验陈述的明晰和量化而蜕变为空洞的理论冗余物，直至被消解和删除；其二是历史性，即成功的科学是历史性的，不论是科学理论的真还是其中的形而上学声称的真都不可能是独断性的，接受某一科学理论并不意味着其词汇表和解释模式的唯一性，更不能推出其中涉及的形而上学声称的唯一性。因此，我们认为，更合适的立场似乎是适度的乐观主义：有理由认为成功的经验科学涉及形而上学声称在一定条件下是真的或似真的，即形而上学可以建立在科学之上，但具有不确定性和历史性。

适度的乐观主义为应对第三个问题提供了线索：从最好的科学中寻找科学及作为其研究对象的自然的形而上学预设和前提的工作不再是全局性和普遍性的，如17世纪的大理性主义背后的那种"肯定的无限观念"（梅洛－庞蒂语），而应该是局域的、多元的，其探究策略应该是有限度的和自我约束的。这种策略可称为形而上学的最小主义，属于前文所论及的紧缩的哲学立场。实际上，科学家所持的实证主义科学观一般会迫使他们采取这一立场。如牛顿就认为，不是直接从现象中推出的东西都要被称为假说，而假说在科学中毫无地位，当他不能从现象中发现重力性质的原因时，他决定不构造假说。对他来说，科学是由只阐述自然的数学行为的定律构成的，要把任何进一步的东西都从科学中清扫出去，使科学成为关于物理世界行为的绝对的真理体系。[1] 这样一来的结果如同所有的实证主义和绝对经验主义一样，形而上学被完全拒斥并以科学取而代之。但恰如伯特所指出的那样，科学家不可能摆脱形而上学，其根源有三，一是他将分享他那个时代的思想，不论是赞成、反对还是默许，二是其所偏好的方法背后一定存在某些形而上学预设和前提，三是人性为了其理性的满足而要求形而上学。[2] 因此，根据最好的科学而展开的形

---

1 ［美］E.A.伯特：《近代物理学的形而上学基础》，徐向东译，北京大学出版社，2003年，第191页。

2 同上，第193～194页。

而上学探究是一种对科学的形而上学或本体论承诺的有限度的寻找和追问，是有意义的。

应该指出的是，形而上学家所持哲学立场往往不是紧缩性的而是构建性的。在蒯因看来，所谓形而上学或本体论承诺盖指"一个理论说什么存在"。但这只是一种明示性的（explicit）本体论承诺，而实际上，当科学认为有理由声称某物存在时，往往并不需要形而上学为其背书。真正值得进行形而上学探讨的是暗含性的（implicit）本体论承诺。蒯因和刘易斯（D.Lewis）等主张：如果某种实体是解释科学及其成功所要求的，就可以认为它存在：实体是否存在取决于其不可或缺性和解释价值。派库克（H.Peacock）将暗含性的本体论承诺称为理论的本体论代价（costs of ontological）或本体预设——如事物或事物种类等，它们是使理论为真的必要条件。其形式化表达为：当且仅当理论 T 使事实 Fs 存在成为必要时，理论 T 在本体上承诺若干事实 Fs。[1] 这样一来，形而上学问题就变成了对形而上学承诺的必要性的语言分析和逻辑论证。但这一方面会遇到与经验疏离的质疑，另一方面，必要性的证明往往会导致形而上学或本体论承诺的过度膨胀。

自然化的形而上学显然不仅仅采取这种构建性的或者说是膨胀的哲学立场，因为其所探究的作为科学前提的形而上学必须像科学那样接受经验事实的检验，故还必须采取紧缩的哲学立场——恰如玛黛所指出，除非找到直接的经验支持，否则科学家不会对不可观察的实体作出本体论承诺。由于自然化的形而上学立场远远超越了自然科学的内涵，有很多观念与事实间的空白需要通过论证加以填充，这些论证不仅涉及经验方法和科学事实，更涉及概念与分析等哲学方法，故既采用先验的形而上学论证方法，也运用后验的经验

1 H.Peacock. Two Kinds of Ontological Commitment. The Philosophical Quarterly, Vol. 61 N242. 2010, pp79-104.

方法。简言之，形而上学的自然主义所采用的必然是两段方法论：第一阶段为分析的形而上学研究，通过对科学的本体论承诺的构建性研究，寻找辨析选择世界可能的存在方式；第二阶段则再诉诸经验，与科学保持连续性，通过与科学事实进行比对这一"奥卡姆剃刀"一样使其形而上学承诺集最小化。

在自然化的形而上学探究中，运用两段方法论的主要目的是尽可能减少认识论与形而上学的落差（gap）。埃斯菲尔德在论及量子纠缠和关系的形而上学时探讨了这一问题。他指出，根据量子纠缠理论，可以认为在最基本的层次上，物理学只能告诉我们事物或系统之间的相互关系，由此推出两种不同的形而上学立场：①人们依然可以认为，在基本层次上事物或系统具有内在属性，但承认到目前为止我们无法获取关于这些内在属性的知识；②人们可以放弃那种基本属性的形而上学，转向关系的形而上学，主张关系（如量子纠缠）就是基本层次的存在。他认为可以运用"奥卡姆剃刀"放弃关于未知的内在属性的形而上学。他强调应消除认识论与形而上学的落差：在原则上，我们可以认识基本层次的所有存在。[1]

从哲学的角度来看，消除认识论与形而上学的落差似乎打破了康德为现象和物自身所设立的分野——我们怎么可以说我们所认识的就是那真实的存在？对这个问题的回答似乎可以建基于逻辑上的假定：无限肯定性的形而上学可以为科学奠基并使之趋于完美并相互支撑。但实际上，科学从来就是历史性的，并具有高度的不确定性。在接受其历史性和不确定性的前提下，我们就可以将形而上学降低到认识论乃至方法论等经验层面，以获得虽然收缩却更可靠的形而上学预设和前提。正是因为科学和形而上学都是历史性的，所以比终极目标更美好的是一种正在进行中的过程：虽然看不到真理的彼

---

1 M.Esfeld. Quantum Entanglement and a Metaphysics of Relation. Studies in History and Philosophy of Modern Physics 35, 2004, pp601-617.

岸，但在探索和追问中，总可以看到地平线，那就是我们当下可以到达的彼岸。而且，随着历史的造化，我们还可以不断地以现在重写过往，用未来刷新当下。

对科学与形而上学关系的再思考

科学与形而上学的关系非常复杂。使之如此复杂的首要原因是由科学与哲学的渊源所致的哲学化的科学观，也可称为表征主义的科学观。这种科学观认为，科学与形而上学所朝向的是一个目标，即解释自然的基本性质，而两者的差别在于方法的分野或者说为经验主义和理智主义所划定的界线——科学诉诸经验或后验，形而上学则基于先验的审视。科学哲学的自然化和形而上学的自然化使我们看到，科学与形而上学之间并不存在这种简化的界限，而实际上，科学不可避免地包含有先验的承诺，形而上学也不可能完全脱离我们周遭的世界。[1] 虽然我们并不能找到一种界定科学和形而上学的标准，但恰当的立场似乎是在经验主义和理智主义之间寻找一条中间路线。

经验主义和理智主义的问题在于它们对"实在"和"真理"所持的绝对化的自然态度或独断论的态度。对此，梅洛－庞蒂曾经作出尖锐的批评：经验主义天真地把绝对真理置入被给予的自然之中，其绝对化的自然态度向我们保证，在我们被抛入事物的世界的同时，一定能在显现之外把握"实在"，或超越错误掌握"真理"；理智主义则将辨析出绝对真理的能力赋予一个普遍的创造者。[2] 经验主义和理智主义将可证实者和可明证者误置为真理，而实际上，不论是科学还是形而上学都是"有限性"而非无限性的活动。如果认识不到这一点，就会让科学背上不必要的形而上学负担，或者使形而上学

1 Drewery, A. (ed.). Metaphysics in Science. Blackwell Publishing. 2006, pvi.
2 [法]莫里斯·梅洛－庞蒂:《知觉现象学》，姜志辉译，商务印书馆，2001年，第67页。

不必要地附会科学。

只有认识到经验和理智的"有限性"，才能理解对真理的把握不是结果的占有而是过程中的体验。恰如梅洛－庞蒂所言："世界不是我所思的东西，我向世界开放，我不容置疑地与世界建立联系，但我不拥有世界，世界是取之不尽的。'有一个世界'，更确切地说，'有这个世界'，我不能对我生活中的这个不变论点作出完整性的解释。世界这种人为性就是造就世界的世界性的东西，就是使世界成为世界的东西，正如我思的人为性本身不是一种不完善，而是使我确信我的存在的东西。"[1] 因此，所谓的"有限性"实际上是对无限性和独断论的否定。如果要用"有限性"来规范自然主义的立场，那就是强调不论是科学哲学的自然化还是形而上学的自然化，都应该将对所谓本质的把握作为手段而不是目的，否则又会回到将本质对象化，使作为理解世界的中介的概念（特别是一般性的概念如规律、因果性、倾向）成为世界变化的原因，最后难免将世界置入服从必然性、总体性（或全局有机性、内在关联性）等想象中的普遍观念的外推——陷入科学哲学和分析哲学运动所拒斥的独断论之中。

对形而上学及其与科学关系的理解，实际上取决于每个时代的智识旨趣。我们的立场实际上也是当代的旨趣使然："有这个世界"而不是"有一个世界"，它没有唯一的本质，而且应该将对本质的把握视为手段而非目的。我们这个时代已经不再对世界的唯一本质和运行大道感兴趣，而倾向多元主义、多重整合论、实用主义和演化论。这种旨趣使哲学从立法者的角色退隐为阐释者，科学与形而上学的关联变得十分松散：科学如何以及在多大程度上引入或接纳形而上学，完全由科学自行决定；形而上学可以脱离科学自行探究。但它

---

1 ［法］莫里斯·梅洛－庞蒂：《知觉现象学》，姜志辉译，商务印书馆，2001 年，第 12 页。

们依然有合作的空间，特别是在宇宙、时间等共同的主题和因果性、规律、倾向等具体科学不专门研究的课题上有不少交叉之处。但其总的旨趣已经不再是传统哲学热衷的一般性或总括性命题，也不仅仅诉诸直觉和概念辨析，而是用经验的复杂性来填充以往为想象所一带而过的思想内容，因此，实验、调查、统计、信息处理等科学方法也已被引入形而上学研究中。

当代智识旨趣在哲学上的重要体现之一是对人作为在世界之中存在的关照。知识因此成为一种人化物，"我能"这种人类学的旨趣已经取代"存在什么"及其无限性的规定，并且不再寻求从世界到宇宙的超越。在这种旨趣下，形而上学必然发展为一种三维架构：从作为存在的知识图表的分类学和反映存在被认识的历史过程的发生学进一步走向反映人的能动作用的存在的人类学。在这个架构下，科学中的形而上学问题的焦点将从对不以人的意志为转移到自然律则的必然性的分析转向对人通过因果关系的构建干预世界的可能性的探讨。将科学基点从认识的必然性拉向操控的可能性，实际上是一种真实的回归——科学在本质上不是建立在无限性与必然性之上的哲学化的科学，而是建立在"有限性"和操作性之上的技术化的科学，应该让科学回归到其本来所有的不那么牢固的基础。

在此视角下，对科学的辩护不再可能诉诸绝对的客观性，而只能将其作为一种可以通过不断建构而增加其"人化的客观性"——稳定性、鲁棒性的人化物，使其更深地进入并与世界相纠缠。"存在"因此成为"使存在"（如：使以 X 方式存在，或使与 Y 关联而存在），"是"让位于"能"，在此意义上，存在成为人化物。"使"和"能"必然地反映了人的意志和价值选择，作为人化物的存在如何演变或者会不会出现文明的整体崩溃，都取决于这一点。换言之，科学在本质上是文明的冒险，未来科学的形而上学思考不仅仅在于对审慎和责任等伦理学的考量，而应进一步走向对技术化科学的追问。一方面，科学之"我能"已经成为一种"操控悖论"：科学实际上已经成为一种技术化的权宜之计，人类在不断地碰壁、挫折和溃败中寻找新的操控世界的路径，并使得其已经掌握的力量与新的路径尽可能地契合。但悖论恰恰在于，人所创造的存在日益增长并与世界纠缠日深，已经远远超过了人的掌控力——人必须用其不能完全了解和控制的存在或人化物创造新的人化物。另一方面，科学之"使存在"似乎难以规避"使终结"的宿命：不具有必然性的科学或技术化的科学能够走多远——即使在自然规律论者看来也不可能是永远。或者说，科技引导的人类文明会如何终结——无疑是在星际演化终结之前，而人类又如何去面对这种终结。

第五章 整体论与科学方法的嬗变

　　在科学的基本形相中，科学方法是一个重要的基调，也是科学的可接受性的一个重要判准。分析还原方法极大地推进了科学的发展，但也带来了诸多问题甚至遭遇到方法论的瓶颈，整体论因而成为科学方法乃至一般方法论的新路向。当代哲学中的整体论具有诸多理论形态，通过对各种形而上学和非形而上学整体论的分析可以看到，为了跨越形而上学与认识论之间的鸿沟，应该倡导一种能动者的实践整体论。正是这种实践整体论的思想为科学方法的整体论嬗变提供了可能的路径。尽管现代科学已经对还原论产生了强烈的路径依赖，但还原论者如果不诉诸创世模式和表征主义就无法证明还原论是唯一合理的科学方法论。还原论的认识论基础是表征主义和理论优位的科学观，其形而上学暗示是本质主义的外在存在论和构成性的实体实在论。为了实现从还原论到整体论的嬗变，一方面，应该在内在关系论的认识论基础上将科学视为人类有限的知行体系，引入现象论的参与存在论与生成性的关系实在论等形而上学预设；另一方面，坚持互补、超越层次与领域、重视过程与关系等方法论原则。

一、当代哲学视野中的整体论

　　整体论的思想可以追溯至亚里士多德关于整体大于部分之和的箴言，同时它也被视为东方自然观和思维方式的基本特质之一，但"整体论"（holism）一词直到 1926 年才由斯马茨（J.C.Smuts）在《整体论与进化》一书中提出。在当代汉语语境中，"整体论"一词有多种含义。常识化论述中提及的整体论主要涉及两类：其一是作为自然哲学观的有机整体论或系统整体论；其二是将这种自然观拓展到人类社会，将社会及其建制视为一个有机整体或整体性的系统。前者多以对还原论的批评论证自身的合法性，以支持科学的生态化、东方科学复兴、整体论科学等观点；后者则主张将社会作为一种系统工程（如创新体系等）加以构建。在这些论述的背后，往往暗含黑格尔赋予辩证法的"真理即整体"的思想，其中不乏"整体"与"总体"、"整体论"与"总体论"的纠结和混淆。在此，不直接评判整体论的常识化论述，亦无意对整体是否为事物本质或有无通向总体性的绝对真理之路加以赘述，而旨在对当代哲学中所涉及的整体论诸形态进行一些粗浅的梳理，通过对其哲学内涵的分析反思整体论研究的基本维度。

形而上学整体论

　　为了厘清整体论的各种形态，有必要首先简单介绍一下斯马茨提出的整体论思想。斯马茨的整体论是基于创造进化论的整体论，即主张宇宙中普遍存在着一种整体创造的趋势和原则，整体论（主义）是宇宙进化的真正动因。[1] 他指出，整体不仅仅是机械系统，整体还大于部分的总和，具有一些内在的结构、功能、关系和特征，正是这些内在要素使自然中出现了动态、有机、进化和创造的整体。不应该将整体视为在部分之上添加的内容，而应该看到，整体是部分寄寓其中的特定的结构安排，部分通过适当的相互作用和功能构成整体。他还强调，最为基本的整体概念是，部分通过独一无二的特定的结合方式、特定的内在关联和创造性的综合组合为整体，而且部分结合为整体意味着新结构、新属性和新功能的创造。他将宇宙中实在的形成描述为一个不断深化的整体创造过程，并将其描述为物质组合、生命体构成、无意识中枢神经协同、意识与人格形成、整体理念和绝对价值（真、善、美）的突现等六个阶段。整体性成为这些阶段中体现出的普遍的宇宙精神，宇宙因此而成为综合的、结构的、活动的、有活力的和创造性的，而不是像人工拼凑物那样只是一些相互外在的要素的偶然组合。由此，可以在具有整体特性的宇宙中发现一种伟大的、统一的创造趋势，这种趋势通过自然、生命和心灵的力量与活动得以运行和延续，使宇宙具有更多与众不同的整体特征。[2]

斯马茨的整体论实质上是一种形而上学整体论（metaphysical holism）。一般而言，形而上学整体论可以细分为存在论、属性和律则等三个方面的宣称。存在论层面的形而上学整体论即存在论的整体论，是关于某个对象具有整体性以及如何具有整体性的宣称；类似的，属性整体论强调，某个对象具有某些不是由其部分所决定的整体性属性；律则整体论进一步主张，某个对象所遵循的整体性规律不取决于其组成部分所遵循的规律。在斯马茨创造进化论意味的整体论宣称中，这三个方面的内容皆有所涉及，如"部分结合为整体意味着新结构、新属性和新功能的创造"、整体性和创造性成为普遍的宇宙精神（属性）

1 J.S. Smuts. Holism and Evolution. The Macmillan Company, 1926, p86.
2 同上，pp103-107.

以及统一的创造趋势使宇宙具有更多新的整体特征（规律）等。

值得指出的是，斯马茨认为，建立在创造进化论之上的整体论是一种发端于19世纪的人类思想的新路向，它主张世界从一个处于极小状态的起点不断演进和创造出新的整体。这一观点完全有别于西方哲学与宗教传统中对于创造和演化的理解，因为后者要么强调宇宙在创世纪时一次性地得到创造，要么认为某种关于世界的演化逻辑和形而上学构架已在创世时给出或者抽象地具有逻辑或辩证法的必然性——宇宙的演化仅仅是这些既定形式的展开或一种趋向绝对真理的运动——恰如黑格尔的理念所昭示，而不管是哪种情况，都不再具有任何新颖性、首创性和选择的自由。[1]

在经历了科学哲学拒斥形而上学运动之后的今天看来，尽管斯马茨的整体论依然具有传统形而上学的独断论和宏大叙事色彩，但其所运用的科学的形而上学论述的基本策略依然为后来的各种形而上学整体论所采用。这种基本策略就是从科学中寻找新的形而上学承诺。鉴于既没有终极的形而上学也没有终极的科学理论，这就意味着：一方面，形而上学不再是科学理论得以成立的前提；另一方面，受到科学的启示而产生的形而上学承诺与科学假设类似，具有可错性。实际上，就科学本身而言，科学的形而上学在很大程度上扮演着一种事后说明者的角色：当科学作出了某种与经验暗含的形而上学不符的结果时，需要找出一种新的形而上学承诺使这种结果得到融贯性的说明。

在当代形而上学整体论研究中，尤其值得关注的是量子力学中的整体论问题。正统量子力学的代表玻尔和非正统量子力学的代表玻姆对此皆有所论述。量子力学建立后不久，玻尔就曾指出，量子客体与仪器构成了一个整体，对量子系统的位置和动量的描述只有在一些特定的实验安排的情境中才是有意义的，并将这种安排下所发生的事件称为"量子现象"。玻姆从对量子力学的反思出发提出了整体生成论

1 J.S. Smuts. Holism and Evolution. The Macmillan Company, 1926, p88.

的思想：①不仅量子客体与仪器，任何量子客体的集合乃至整个宇宙都是不可分割的整体（undivided wholeness），那种分离、分割的破碎观（view of fragmentation）是一种幻觉；②部分是由整体生成的，整体从逻辑上在先于部分；③我们的理论应被看成是看待整个世界的一种方式，而不应看成是"关于万物本身怎样的绝对真知识"——万物本身是一个不可分割的整体，而许多理论常常使其破碎化了，也即是被分割、分解了。玻姆甚至认为，物质与精神、心和物形成一个不可分割的整体，因此他被称为一位更彻底的整体论者。[1]

最近二十多年来，科学哲学的相关研究使得量子力学等物理学中的形而上学整体论问题得到了形式化的分析。在有关量子纠缠和不可分离性等问题的讨论中，物理学中的形而上学整体论的内涵——整体的属性和关系不为或不能被部分的本质属性或关系所决定——得到了进一步的廓清。其中，整体性关系和部分的本质属性是讨论的重点之一。根据休谟式的随附性论点，全局性的事物随附于局域性的事物，局域事实一旦确定了，只需要将它们在整个时空中加以分配就可以生成一个完整的宇宙。当代哲学家刘易斯（David Lewis）的可能世界理论则进一步提出了所谓的"重组原则"：将不同的可能世界中的部分拼起来可以产生另一个可能世界。这两种观点都假定在世界的基本层次上，世界的性质完全由时空点、点粒子或点场源等具有本质属性的局域性存在的分布所决定。[2]但具有整体性的量子系统显然无法运用这种经典的世界图景加以描述，必须对其中所涉及的关系和属性加以重新思考。

通过对物理主义的反思，泰勒（Paul Teller）提出了关系整体论（relational holism）。他声称："整体论往往不太融贯，因为它似乎主

---

1 ［美］戴维·玻姆：《整体论与隐缠序：卷展中的宇宙与意识》，洪定国等译，上海科技教育出版社，2004 年。

2 D. Lewiis. On the Plurality of World. Oxford: Basil Blackwell, 1986, pp87-88.

张两个分立的事物可以纠缠或交织在一起以至于最终不再是分立的事物……客体至少在某些情况下可以划分为若干具有内在关系的个体，而这种内在关系并不随附于那些分立个体的非关系属性。关系整体论避免了那些欠明晰的整体论所受到的不融贯的威胁。一个客体完全可以成为一个具有某种非关系属性的分立的个体。还可以自洽地推想，即使两个这样的分立个体的每一个都有一个非关系属性，依然可以彼此保持某种内在关系。"[1] 他将这种关系整体论运用于量子力学，认为量子力学虽然描述的是可区分的个体，但这些可区分的个体也可能具有内在关系，而且我们可以通过内在关系理解量子纠缠等有悖经典直觉的现象。结构实在论者弗伦奇 (Steven French) 和拉迪曼 (James Ladyman) 将结构视为真，并认为结构后面并不存在本质属性，因此提出了较关系整体论更为激进的关系的形而上学。他们认为科学理论所揭示的不是构成世界的客体和属性，而直接涉及结构和关系，因此他们不仅拒斥①事物必须是某种其自身的东西，即具有超越或凌驾于关系之上的本质属性，还否认②关系必有关系者，即那些处于关系之中的事物。埃斯菲德 (Michael Esfeld) 则主张为了跨越对事物的本质属性的假定所带来的形而上学与认识论之间的落差，应该只拒斥①而保留②，即承认关系乃关系者的关系，但这些关系者并不一定具有任何本质属性。[2] 莫德林 (Tim Maudlin) 将相对论与量子力学结合起来讨论部分与整体的关系，提出了一种激进的部分整体观：在通过特定联系而成为某个大的整体的部分之后，它才具有其特定的物理状态，而这种特定联系具有多重性和同等的可接受性。[3]

---

1 Teller, Paul. "Relational Holism and Quantum Mechanics". British Journal for the Philosophy of Science37, 1986, pp71－81.

2 Esfeld, Michael. "Quantum Entanglement and a Metaphysics of relations". Studies in History and Philosophy of Modern Physics 35B, 2004, pp601－617.

3 Tim Maudlin. "Part and Whole in Quantum Mechanics." pp46-60, from E.Castellani(ed.), Interpreting Bodies: Classical and Quantum Objects in Modern Physics, PUS, 1998.

认识与认知的整体论

在科学哲学与分析哲学中，有一些与认识或认知有关的整体论思想，其中得到广泛讨论的包括确证整体论、语义整体论、属性整体论等。在社会科学哲学中，值得关注的是基于诠释学循环的知识解释的整体主义方案的讨论。

确证整体论又称杜恒—蒯因论点。杜恒在《物理学的目标和结构》中曾经指出，物理理论不能被视为孤立的，不应被单独地检验。蒯因在《经验论的两个教条》中沿着与此类似的理路指出，"我们关于外在世界的陈述不是个别地而是仅仅作为一个整体来面对感觉经验的法庭的"。[1] 这篇文章首先反驳了经验论的两个教条，其一是对只以意义为根据的分析陈述与以事实为根据的综合陈述的区分，其二是还原论。其中，还原论意指相信每一个有意义的陈述都等值于某种以指称直接经验的名词为基础的逻辑构造，即关于世界的陈述可以翻译为关于直接经验的陈述。而根据证实说，一个陈述的意义就是在经验上确证它和否证它的方法，因此每个陈述可以孤立地接受确证或否证。

在反驳了这两个教条之后，蒯因强调具有经验意义的单位乃是整个科学，并进而提出了确证整体论："我们所谓的知识或信念的整体，从地理和历史的最偶然事件到原子物理学甚至纯数学和逻辑的最深刻的规律，是一个人工的织造物。它只是沿着边缘同经验紧密接触。或者换一个比喻说，整个科学是一个力场，它的边界条件就是经验。在场的周围同经验的冲突引起内部的再调整"。[2] 这种确证整体论试图表明，经验对某个科学假说的确证或否证只能在与一系列的背景假说乃至整个科学相关联时才能进行，面对新的经验我们可以采取很多选择来调整我们的知识系统，理性的做法是选择对整个知识系统作出较少

1 ［美］W.V.O.蒯因：《从逻辑的观点看》，陈启伟等译，中国人民大学出版社，2007年，第42页。
2 同上，第44页。

的总体改变。

戴维森将蒯因关于知识和信念的确证整体论运用到了心灵哲学中。他指出心灵或心理过程与物理过程不同，人们可以用物理规律解释一个物理变化与其他物理变化和条件间的关系，但要确定精神状态必须诉诸个人的理性、信念和意向，而不可能仅仅根据单个言语行为、选择等局部信号确定一个人的信念，因为我们只能在特定的信念与其他所有信念形成一个整体的情况下把握其意味。与确证整体论类似，戴维森的信念整体论认为，人们不能仅仅依据某个人的单一行为确定其精神状态是什么或不是什么，同时，即使我们看到了一位朋友不同寻常的举动，依然可能通过某些剧烈的调整保持对他的一贯信念。[1]戴维森与蒯因整体论共同表明，不存在可以对单一陈述或假说加以确证的观察。这就是所谓的不确定性论点。进一步分析可以看到，不确定性论点可以同时包括构成整体论和方法论整体论两层内涵，前者指表述、行为和态度的复合整体具有内在的不确定性，后者主张对于表述、行为和态度的复合整体有不止一种可接受的解释方式。

语义整体论主张一个概念或语句的内涵与意义取决于它们所在的语义网络，如理论整体、整个学科乃至我们的知识和文化的整体。对于一个日常词语（如老鼠）来说，其内涵与意义同时取决于它的对应物以及这个词与其他与其相关的词和句子。语义整体论与分析陈述和综合陈述的不可区分的论点密切相关。语义整体论至少适用于理论概念，即一个给定理论的理论词的内涵取决于这个理论中包含这个理论词的所有的语句的全体集合。这表明，我们关于世界的观念的改变会带来有关概念的内涵和意义的变迁。例如，在牛顿力学中的引力是与超距作用相关的有心力，而在广义相对论中的引力却与时空弯曲相关。由于理论上的不可通约性，如果爱因斯坦与牛顿相遇有可能无法就质

---

1 L. Caruna. Holism and the Understanding of Science: Integrating Analytical, Historical and Sociological, Ashgate, 2000, pp13-17.

量、力等概念展开交流。属性整体论（attribute holism）关注的是整体性的属性。在一个整体中，如果一个事物具有某种属性，其他事物都具有这种属性，那么，这种属性就是整体性的属性。整体性的属性的反面是原子（atomic）属性和类原子（anatomic）属性，前者指一个事物具有而其他事物都不再具有的属性，后者指一个事物具有而至少有一个其他事物也具有这种属性。[1]

　　这三种整体论如果走向极端就可能成为激进的整体论，从而遭遇到"全或无"的两难选择，并可能导致相对主义。如果过度强调整体性，可能会排除任何新的经验或者任意改变某些不相关的陈述，也可能会因为没有掌握全部语义网络而不愿确定理论词的内涵，还可能因不可通约性而导致沟通困难。因此，达米特提出在原子论和激进整体论之间引入分子论（molecularism）。分子论主张，对于每个句子来说，存在着一个决定性的知识片段，它足以使得这个句子可以获得完全的理解；单个句子所拥有的内涵与它和其他句子的组合方式及组合相关，而与其他未加入这种组合的句子无关；一个句子表征的内涵仅仅取决于它的内在结构和它嵌入其中的相关语言。[2]借助分子论，牛顿与爱因斯坦在交流对"质量"的看法时，不再需要完全了解对方的理论整体，而只需要了解与"质量"相关的那部分理论架构就可以了。

　　再来看社会科学哲学中基于诠释学解释的知识解释的整体主义方案。不论在自然科学还是在人文社会科学中，每个理解或解释都有其预设的前提为背景，都有其视角，没有一个理解或解释是最终的和全面的。换言之，解释的循环性和视角性必然会导致解释的非决定性。伽达默尔的诠释学循环涉及对部分与整体关系的解释，即对每一个部分的解释有赖于对整体的解释，反之亦然；两者相互倚重意味着解释

---

1 L. Caruna. Holism and the Understanding of Science: Integrating Analytical, Historical and Sociological, Ashgate, 2000, pp18-24.

2 L. Caruna. Holism and the Understanding of Science: Integrating Analytical, Historical and Sociological, Ashgate, 2000, pp13-17, pp24-29.

总是部分的而不是完整的。

在社会科学哲学中，博曼（J.Bohman）讨论了关于知识解释的强整体主义方案和弱整体主义方案。其中强整体主义方案包括四个先验性论点：①诠释学循环论题，即解释是循环的、不确定的以及视角性的；②背景论题，即解释仅仅发生在一个"背景"之下，这一背景是由一些不具体的信念和实践组成的网络；③先验限制论题，即背景是解释可能性的一个条件，这一条件要限制其在认识论上的正确性和可能性；④解释的怀疑主义论题，即有的认知活动均在一个背景下发生，且它们均是解释性的，因此是循环的、不确定的以及视角性的，于是解释的条件即是，没有什么"真实的"或"正确的"解释是可能的。博曼认为，这个方案的主要问题在于它将背景这样的实践层面的使能性条件（enabling conditions）误置为先验意味的限制性条件（limiting conditions），而这种先验性的改造背后是对正确性和真实性的过度强调。[1]

如果不再将使能性条件与限制性条件加以混淆，同时降低正确性和真实性的标准，解释的循环性和非决定性至多会导致可误论而非还原论。由此，博曼提出了关于知识解释的一个非怀疑主义的弱整体主义方案，其先验性论点是：①诠释学循环论题，即解释是循环的、不确定的以及视角性的；②其循环性受制于"背景"的必须性以及一整套共享的、可以获得的可能性条件（即把背景看成是一个反思性的—先验性的概念）；③作为可能性的条件，背景起着使能性条件而非限制性条件的功能（此观点在区分使能性条件和限制性条件下成立）；④对于知识宣称的证据而言，解释的条件是中性的，这些知识宣称也包括各种解释（对解释普遍性的否定），因此解释能够产生基于证据的可修订的、公共的知识。由于知识解释的弱整体主义方案排除了唯

---

1 [美]詹姆斯·博曼：《社会科学的新哲学》，李霞等译，上海人民出版社，2006年，第 141～152 页。

一正确解释的可能性，同时又通过共享理解等反思性实践使解释性宣称得到公共的检视和判决，因此，这种方案带来的解释活动成为一种潜在的评价性和批判性的行为。[1]

走向能动者的实践整体论

何谓整体论？尽管我们已经作出了上述介绍，尽管有很多关于各种各样的整体论的形式化表述及论证，但这一问题实际上并没有标准答案。例如，根据埃斯菲德(Michael Esfeld)对整体性系统的形式刻画，一个系统要成其为整体，当且仅当构成整体系统的每个要素都共同具有某些家族性的整体属性，换言之，这些整体属性使整体成其为整体。而且，这些整体属性是关系属性。但整体本身是一种隐喻，不论聚焦于结构、过程、属性或关系进行一一分析，还是对其加以统一刻画，都有可能失之抽象。实际上，与其寻求整体论的本质的定义，不如从语用的角度对其加以考察和辨析。我们可以谈论各种整体论，并且对各种整体论进行形式化的分析和谈论，也可以将其视为家族相似的概念和理论，使其在隐喻层面相互启发。也就是说，论及何谓整体论，直接涉及所谈论者究竟是哪种整体论。于是，我们必然同时面对三个问题：其一，某种整体论为何或在哪种意义上可称其为整体论？其二，它与基本立场是什么？其三，它与其他整体论在思想脉络上有何关联？要回答这些具体的问题，必须从当代哲学思想的基本走向进一步考察整体论的内涵及其流变。显然，在这些讨论中，必然涉及作为整体论的对手的还原论。相应的，我们也应该对具体科学和哲学语境中的还原论等有所区分。

实用主义的创始人之一詹姆斯曾经指出，经验主义是指用部分解释整体的习惯，而理性主义是指用整体解释部分的习惯。其中，理性主义倾向于一元论，关注世界的关联性和同一性，强调整体必然先于

---

1 [美]詹姆斯·博曼：《社会科学的新哲学》，李霞等译，上海人民出版社，2006年，第 152 ~ 154 页。

部分；而经验主义倾向于多元论，认为世界的众多细节之间具有不连贯性和偶然性，最初是没有内在秩序的不连贯的整体，人们为了满足理智上的趣味，通过选择对象和探寻关系，而添加和创造出来了秩序。[1]实际上，詹姆斯所言的理性主义指的是从分析哲学、实用主义、现象学、后结构主义乃至近年来的新实用主义所力图加以克服的西方形而上学传统——由一元论的、先验的普遍形式来解释世界的一切，特别是黑格尔式的总体主义的"整体"思想。而詹姆斯所说的经验主义一方面具有还原论意味，另一方面则已经经过了实用主义的改造。尽管詹姆斯早在 20 世纪初就已指出，感觉经验既有概念又有非概念部分，两者无法区分，基于感觉经验的未概念化的所予（the given）依然一度被视为理论证实的前提，直到蒯因对经验论的两个教条的批判这一神话才发生根本性的动摇。传统的理性主义和经验主义（先验的普遍形式和未概念化的经验所予）在很多情况下是相互纠结的，而其结合点就是基础主义和一元论——对世界的理论表征和对经验的层次化还原共同勾画了一幅基于大写形而上学的科学的世界图景。

从某种角度来说，20 世纪的哲学对传统理性主义和经验主义的超越所运用的元方法论就是整体论的，这反过来使得当代整体论走出总体主义，而带有浓厚的多元主义色彩。在欧陆哲学中，不论是胡塞尔的生活世界、海德格尔的工具意味的周遭世界还是梅洛-庞蒂由"自我—他者—事物"构成的现象世界、巴什拉的现象技术，都在将更多的环境因素和交互性赋予理性的主体，都在通过情境和实践的引入消除理性或所谓客观性的神秘性和先验性。在这些探索中，非基础主义思想与整体论方法论形成了新的思想联盟。梅洛-庞蒂在《知觉现象学》前言中指出："合理性完全是根据能显现合理性的体验来决定的。合理性是有的，也就是说：看法能相互印证，知觉能相互证实，意义能显现……现象学世界不属于纯粹的存在，而是通过我的体验的相互

---

1 涂纪亮：《詹姆斯文选》，社科文献出版社，2007 年，第 22 ~ 23 页。

作用，通过我的体验和他人的体验的相互作用，通过体验对体验的相互作用显现意义，因此，主体性和主体间性是不可分离的……现象学的世界不是一个预先存在的阐明，而是存在的基础，哲学不是一种预先真理的反映，但作为艺术，哲学是一种真理的实现。"[1] 在英美哲学中，杜威的知行一体观、维特根斯坦的语言游戏论、杜恒－蒯因论点以及戴维森对经验论第三个教条（概念框架及其经验内容可分离）的批判、普特南的内在实在论、卡特赖特对基本定律的拒斥等也都具有鲜明的非基础主义色彩。

思想并不是脱离历史而存在的，20世纪哲学对基础主义的反动与对建立在基础主义之上的纳粹思想等总体主义的深刻反省不无关系，而这种反省进一步表现为后结构主义对差异性的重视和当代新实用主义对多元主义的倡导，当代整体论与这些思想有颇多互动之处，进而带有"偶然性"和情境性等实践色彩。后结构主义对既有结构的解构实际上是对既有整体中已有的同一性规定的破坏，也就是对所谓总体的解构。其基本策略是：先将那些由未得到反思的先验的同一性所规定的范畴、类别和概念重新视为相互渗透、相互作用的异质性的东西，使得差异得到认识、承认乃至尊重，然后引入一种基于丰富的差异性的多重实现机制，从而使世界可以通过多元主义的方式得以型构和重构。在这一过程中，要素的差异性和能动性的参与显然是使整体得以构建的关键。在这种策略下，很多本质主义和基础主义理论中无法克服的矛盾自然得到了化解。例如，社会究竟是要还原为集体还是个人的争论就转换为个体如何参与共同体的互动实践这一实践和情境中的问题了。在自然科学，如生物学、医学和生态学等领域，还原论和有机论之争也转换为如何找到新的"可操作部分"（working parts）或实践层次，探讨其复杂的相互作用，增进对可探究整体的认识。

---

1 ［法］莫里斯·梅洛－庞蒂：《知觉现象学》，姜志辉译，商务印书馆，2001年，第17页。

回头再来看看本文对整体论的介绍，整体论可以大致分为形而上学整体论和非形而上学整体论两类，从表面来看，这两类整体论之间内在地蕴含着一条形而上学与认识论的鸿沟：前者告诉人们整体或全部是怎样的并且往往以独断论的形式出现；后者则强调对全部与整体的认识具有固有的不确定性，有可能导致怀疑主义和相对主义。从哲学史来看，前者可追溯至柏拉图模式或所谓鸟的视角：关于世界的抽象的模式结构才是真实的；后者可追溯至亚里士多德模式或所谓青蛙的视角：主观感觉到的世界更加真实。但如果我们只关注对世界的表征式的认识，依然无法跨越这一鸿沟。

如何跨越这一鸿沟呢？在抛弃了经验论的两个教条之后，蒯因曾经指出两个后果，其一是模糊了思辨形而上学与自然科学的界限，本体论问题与自然科学问题是等同的；其二是转向实用主义。[1] 这对我们的启发是，形而上学整体论不过是可错的猜测、假说或承诺，应该用一种实用主义的态度思考整体论问题。这就要求我们的整体论不再寻求那些所谓事物必须永远必然地和普遍地如何存在或者我们因此必须永远必然地和普遍地如何认识，而应该看到所谓整体性不过是一种高度抽象的概念，而其抽象性并不意味着它具有什么先验性——世界上的所有事物并不具有先验的可以明确界定的整体性，我们对世界的认识也并不必然要以揭示这种整体性为目的。在他新近出版的《无本体论的伦理学》中，普特南将实用主义视为继古希腊哲学、近代启蒙思想之后的第三次启蒙。在他看来，杜威沿着詹姆斯的思想路线早就指出，我们实际上是通过创造新的观察—概念来"定制"（institute）新的材料。因此，无论是可能的解释形式还是可能的材料形式都不能被预先地、一劳永逸地确定。[2]

1 [美] W.V.O.蒯因：《从逻辑的观点看》，陈启伟等译，中国人民大学出版社，2007年，第22页。
2 [美] H.普特南：《无本体论的伦理学》，孙小龙译，上海译文出版社，2008年，第92页。

　　我们需要什么样的整体论？一个较为简单的答案似乎是实践整体论：能动者在具体情境中为解决某一问题或采取某种行动时所运用的形而上学假定和认识与行动的方法。基于上述讨论，实践整体论应该具有以下特征。首先，它是非基础主义的、可错论的但又是反怀疑论的。非基础主义就是说我们主张的整体论并不预设一个世界如何是整体论的世界的先验前提，也不再以这种存在论假定去框定认识论、方法论和价值论，这意味着我们的认识和行动具有必然的可错性和不完全自洽性，但又因为我们只是在实践情境中运用这种整体论实现有限的目标，所以具有一种由实践约束带来的稳定性。其次，它是重视差异性的和非总体主义的。由于整体论不过是众多看世界的方式中的一种，整体属性、关系属性等不过是对要素的特征的不完全归纳而获得的经验结果，因此，不可以将其上升为整体要素必须遵循的规则，否则就可能蜕变为无差异的总体论或总体主义。其三，它是多元主义的。鉴于我们的知识的使能性条件是既有的知识、物质条件和行动手段，我们既不需要也不可能去追逐所谓某种纯粹的整体论科学。这样一来，现实的整体就可能是各种各样的集合体、联合体、聚合体或有机体，面对其实用主义的策略是弄清既有知识对这些现实整体的结构、功能等方面的描述，再搁置它们，寻求新的分类和组合路径，即通过多元主义的方法带来新的视角和视域。这一多元主义策略既可以帮助我们走出思维的误区，又可以帮助我们找到可行的新路向。

二、作为方法论的还原论及其问题

物理学家玻姆曾经指出，在人类文明早期，人们的观念实质上是整体性而不是破碎性的。但在文明高度发达的今天，我们所面对的一个不争的事实是：尽管基于还原论的现代科学知识体系获得了空前的成功，但其呈现给我们的却是一个破碎性的世界——原本为了认识的便利对世界所进行的分类和划分，反过来使我们对世界的看法出现了难以弥合的分裂，使得人类无法获得整体性的知识体系，进而导致了环境、社会乃至文明的分裂性危机。正是在这样的背景下，我们来讨论如何从还原论走向整体论，以寻求科学研究的新路径。

众所周知，现代科学的知识体系基本上是在分析还原方法基础上建立起来的，科学研究已经对还原论产生了很强的路径依赖。实践层面的巨大惯性使还原论者对既有的还原论的研究路径充满信心，而不加反思地认为，整个世界在存在论层面是一个等级化的有序世界，可以用分析还原方法自下而上地加以认识，进而构建起日益完善的金字塔式的知识体系。粒子物理、宇宙学和基因组学在 20 世纪的发展使得很多科学家对强微观还原论[1]深信不疑，这种思想主张，事物的整体及其任何方面，完全能够归因于其组成部分。这也就意味着，整体没有超越其构成部分的任何自己的特性，即便面对理解

---

1 ［美］斯蒂芬·罗思曼：《还原论的局限：来自活细胞的训诫》，李创同译，上海世纪出版集团，2006 年，第 36 ~ 37 页。

整体性和复杂性的巨大挑战，这种知识体系及其所提供的世界图景依然是从整体上把握世界的不二法门。

由于强微观还原论主张可以通过理解部分而完全把握整体，我们甚至可以佯谬地称之为"还原论的整体论"。其一般步骤是：一方面，为了理解世界，可以通过分析或抽象先将认识对象拆分为更基础的部分，乃至可认识的更深层次，以了解它们的结构和属性，再从部分出发，由综合推演形成对世界的认识；另一方面，为了操控世界，可以重新安排与组合那些已得到认识的部分，它们共同作用时令事情如我们所愿地发生，使世界为我们所控制。如果世界仅仅是牛顿式机械论的存在，还原论或所谓还原论的整体论可能是行之有效的。但只需诉诸常识，就会知道真实世界似乎远不止这么简单，我们不可能仅仅从部分中获得对超越部分之上的整体特性的认识，还原论并不能令我们真正地从整体上把握生命、智能和生态等现象。而且，还原论的主要局限性在于，一旦视其为唯一合理地认识生成性的整体的方法论，整体就会不加反思地被简化为可还原的拆分组合体而加以认知和操控，这不仅不利于对整体性的把握，甚而会导致对整体性的破坏。其实，这正是基于还原论的现代科技的最大风险所在。为了克服这一局限性，必须在方法论层面打破科学研究对还原论的路径依赖，才可能在强微观还原论的强势下为基于整体论的研究另辟蹊径，以平衡其风险。在此，首先必然要面对的一个问题是：还原论是不是唯一合理的方法论？

在对作为科学方法论的还原论的辩护和批判中，存在论与认识论两个层面的表述往往相互纠缠。存在论表述关注"存在什么"；认识论表述则涉及"对于存在我们能知道些什么"。在作出了这种区分之后，我们可以看到，还原论特别是强微观还原论所使用的是一种认识论与存在论相互推演的双向辩护策略，正是这种循环论证使还原论似乎成为唯一合理而有效的方法论。

第一条辩护路线是从作为认识成果的知识体系出发的上行路线，

即将认识论层面由还原论所获得的知识体系加以形而上学的提升，使其转化为存在论意义上可还原的世界图景。尽管这是一种循环论证，但大多数当代科学家的基本形而上学主张却是由此生成的。在由知识体系外推的世界图景中，艾里斯（George F.R.Ellis）提出的因果关系的层级结构[1]颇具代表性（见图1）。

图 1 因果关系的层级结构

　　尽管这种层级结构实际上过于简化甚至相当不严谨，但很多科学家依然相信，这种对知识体系的分类和排序实际上暗示了还原论方法的合理性，即较高层级所发生的现象可以用低一级的原因加以解释，并可追溯到"万有理论"（theory of everything）。而且，十分耐人寻味的是，"形而上学"既是"万有理论"的基础，又是宇宙学的外推，其物理主义色彩可见一斑。显然，这幅倡导还原论的知识"路线图"，是在科学中已经建立起的还原论的知识体系的启示下构想出来的。艾里斯承认，此结构已经超越了科学研究与实验的

---

1 Barrow, D.J.etc. Science and Ultimate Reality: Quantum Theory, Cosmology, and Complexity. Cambridge University Press, 2004, p634.

范畴而具有形而上学意味。

主张物理学终极理论的温伯格也强调，所谓一个真理解释另一个原理，如用决定电场中的电子的物理学原理（量子力学法则）解释化学定律，并不是说我们一定能从前者导出后者。在这种意义上谈论科学解释，我们在思想上并没有科学家所导出的东西，而是认为那是自然一定存在的东西。[1] 他甚至承认："一个终极理论当然不可能终结科学研究，甚至不可能终结纯科学的研究，即使纯物理学的研究也不可能终结。不管什么样的终极理论出现了，仍然有好多奇妙的现象，如湍流，如思维，等着我们去解释。其实，物理学终极理论的发现并不一定能为我们进一步认识那些现象带来多大的帮助（尽管会有某些帮助）。终极理论只能在一个意义上说终极——它把科学探索引向终点：那是一种古老的探索，探索那些不可能有更深层原理来解释的原理。"[2]

在现实的科学实践中，万有理论或终极理论并不是以"不可能有更深层原理来解释的原理"的角色出现的，其所带来的一种观念或暗示是："科学是一个倒金字塔结构，基础性的学科更为重要。"由此，导致了建立在还原论方法预设之上的基础性学科（如物理学）的帝国主义等现象。我们不妨来看看当代物理学所描述的世界图景。[3]

现代物理学的最新成就向我们展示了一个大到总星系、星系团、银河系、太阳系、地球、月球，小到分子、原子、原子核、粒子的丰富多彩的结构层次以及所有结构层次随时间变化的演化机制。划分物质结构层次的主要标准是空间尺度，通常大致地分为宇观、宏观、微观。在有关物质的演化机制的研究中，最为激动人心的是对宇宙演化的探索，从现代物理学的主导研究策略分析还原方法来看，

1 S.温伯格：《终极理论之梦》，李泳译，湖南科学技术出版社，2003年，第6页。
2 同上，第15页。
3 高潮、甘华鸣：《图解当代科技》（物质科学）（段伟文撰写），科学普及出版社，2008年。

一部宇宙的演化史实际上是微观粒子和基本力的形成史。从空间尺度上来讲，我们已知的物质世界至少跨越了 42 个数量级（$10^{-16} \sim 10^{26}$ 米）。为了研究的方便，常将物质分为微观、宏观、宇观等领域。当代物理学的前沿主要涉及对微观世界和宇观世界的探索。

其中，描述微观粒子世界的是粒子物理学，其基本理论是量子场论。根据量子场论，物质存在的基本形态是实物粒子场、三种基本场、规范玻色子（媒介子）场和希格斯粒子场。根据量子场论，物质世界运动变化多端的根源是自然界的四种作用（力）：引力、弱力、电磁力和强力。传递这四种力的是四种规范场，对应着四种自旋为整数的玻色子，常称为规范玻色子或媒介子、传递子等。20 世纪中叶以来物理学的一大目标是将四种相互作用统一起来。20 世纪 70 年代，格拉肖、温伯格和萨拉姆根据规范场理论将弱力和电磁力统一了起来。电弱统一理论经受了实验的检验，取得了巨大的成功。这一成功鼓舞了物理学家进一步将强力和电、弱力统一起来的大统一理论的研究和将所有的力统一起来的超统一理论的研究。理论物理学家试图用大统一规范场和超统一规范场解释力的大统一和超统一：现有的四种力场在量子引力时期是超对称的统一的规范场，随着能量的下降，先后发生超统一相变、大统一相变和电弱统一相变三次自发对称性破缺，最终形成了引力场、强力场、弱力场、电磁场四种规范场，它们分别对应于引力子、胶子、中间玻色子和光子等规范玻色子。对此，重要的理论有超弦理论和量子引力理论。超弦理论认为，所有物理现象都起源于盘绕而成不少于 10 维的无限细的弦，引力子、中间玻色子、轻子、夸克等都是弦在弦空间中振动的不同模式，它们间的作用力是统一的弦与弦间的力。霍金等人的量子引力理论则将量子场论与广义相对论结合起来，试图对目前的物理理论无法解释的普朗克时间以前的宇宙进行研究，消去物理理论无法适用的奇点。总之，量子场论为现代物理学奠定了一个基本的理论范式。它将物质最基本层次的探索、物质世界最基本的相互作用力和整个物质世界（宇宙）的起源等前沿问题结合在一起，向物质世界这条难见首尾的"神龙"发起了挑战。

这种还原论的知识体系在其他学科中也有明显的体现。在生物学中，生物化学和分子生物学主张将生命还原为化学物质，著名的人类基因组计划（HGP）就是这一还原论方法论的必然结果：依据构成人类DNA的化学成分的所有相关细节对生命现象作出详尽的解释。由于人类基因组计划的倡导者确信这一目标是可以实现的，并因而主张，揭示生命现象的前提是对基因序列的测定。但恰如S.罗斯曼所言，要达成这一目标，还需确认那些将密码传输给不同蛋白质分子的DNA的确切部位，并进而了解这些确切部位的作用。只有当这些信息被掌握，即当我们体内所有蛋白质分子的结构和功能被破译之后，我们才能从整体上（或者至少从重要的方面上）把握生命的本质。

罗斯曼不无反讽地指出："这个雄心勃勃的计划，便是那令人振奋的、今天被称为基因组学的新生物学领域的主要目标。有些人认为，不管历时多久，基因组学将沿循这条由人类基因工程所铺设的唯一重要路径，并在这一进程中取得成功的结论，亦即，依据最为本质的、所有可能的化学方式，一劳永逸地解决'我们是谁和是什么'的问题。"[1]

问题不在于这个计划能否实现，因为科学家总可以不断调整其研究进路和方向。关键在于，在研究进路的选择中，科学家选择了还原论作为其基本方法论。除了可操作这一技术性原因之外，更重要的是在还原论的方法论背后有一种本体论或存在论预设。

从存在论的意义上来看，还原论及其层级化的知识探索结构昭示了三个世界的存在：其左边分支对应着物理世界（W1，即与物质相关的广义的物理世界），右边分支衍生出精神世界（W2），而此结

---

1 ［美］斯蒂芬·罗斯曼：《还原论的局限：来自活细胞的训诫》，李创同译，上海世纪出版集团，2006年，第3页。

构本身则可视为关于前两个世界的知识和观念，依照当代科学家（尤其是数理科学家）对科学的理解，这些知识和观念最终可还原为抽象的规律，这些规律以数学实在的形式构成了一个思想客体的柏拉图世界（W3）。与霍金齐名的牛津大学数学家彭罗斯便持有这种"世界观"：除了物理世界和精神世界之外，还有一个柏拉图意味的绝对世界——其中包括基于抽象数学实在的真理等三类绝对的实在（其他两类是与真相交织且内在于物理理论的美和由精神世界决定的道德理念，但他主要关注的是数学实在）[1]。值得指出的是，这种"世界观"与波普尔式多元论的三个世界的论点是不同的。波普尔的"世界3"强调的是作为人类精神产物的思想内容在产生与积淀过程中的客观性，这种客观性既是可理解的也是人造的和可错的。彭罗斯等人的柏拉图世界（W3）则更注重数学实在的合理性乃至真理性。依照彭罗斯的信念，柏拉图世界的数学真理规定物理世界的运行，精神世界与某种物理结构（如脑结构）相关，而且数学真理在原则上不超出理性的范围。也就是说，W3的地位是最高的，三个世界最终可还原为柏拉图世界中的数学真理，这些数学化的永恒实在兼具认识论与存在论双重内涵，它们与其说是人类的创造物，不如说是有待理性探索去发现的目标。

由此就产生了第二条辩护路线，即从数学真理这一永恒实在出发的下行路线：世界在本质上可归结为数学真理，因此，科学的任务就是沿着还原论的进路准确无误地揭示这些真理。显然，有两点是值得质疑的：其一，世界缘何在本质上可归结为数学真理？其二，即便如此，能通过还原论找到这些真理吗？或者说，我们何以判断是否找到了它们？为此，必须对W3作进一步的追问：如果像波普尔所说的那样，柏拉图主义超出了身心二元的范围，引出了三分世

---

1 Penrose, R. The Road to Reality: A Complete Guide to the Laws of the Universe. Jonathan Cape, London, 2006, pp1027-1029.

界（当然，波谱尔的旨趣为多元论而非柏拉图主义）[1]，那么，基于
柏拉图主义的 W3 究竟意味着什么呢？

要回答这个问题，可能还得回到柏拉图。在《蒂迈欧篇》中，
柏拉图指出：我们所看到的世界是一个最完美的世界，而这个作为
被造者的世界当然有其原因——那就是造物者（the creator），是他
按照某种不变的模式（pattern）创造了万物[2]；具体而言，我们的世
界是某种模式的摹本，这个模式的基本内涵是数学型相（form）——
可通过理性加以认识的永恒不变的存在，并且创世不是无中生有地
凭空创造，而是造物主用型相去规定"基体"（创世前已存在的混沌
物），使世界成为包含四种元素（水、火、土、气）、具有形状和可
感性质的统一体的过程。透过这种创世说，似乎可以指出，彭罗斯
等人的柏拉图世界（W3）就是那个作为创世依据和永恒存在的模式，
它也是伽利略希望解读的"自然之书"与牛顿试图把握的"自然律"，
其内涵即凭借理性可以发现的数学真理。这种"世界观"又似乎为
还原论提供了存在论预设和认识论策略：使世界成其为世界的真正
的实在是其数学形式，它们规定了构成世界的要素及其性质，故只
要找到作为终极实在的数学形式，就能揭示世界的本质属性。由此，
人们似乎可以进一步主张各种形式的还原论，如"任何现象都可以
用微观的物理规律大致地加以解释"、"任何可定义的过程都是可计
算的"、"任何一个因果过程都在句法上可形式化"、"可以用部分解
释整体"，等等。然而，所有这一切如果不是猜测，则都隐性地建立
在创世和造物主之类的"合理性假定"之上，即便真有所谓创世，
但由于我们不是造物主，分不清模式和摹本，前面提出的两点质疑
依然无法消除。

1 ［英］波普尔：《科学知识进化论：波普尔科学哲学选集》，纪树立译，生活·读
书·新知三联书店，1987 年，第 364 页。
2 ［古希腊］柏拉图：《蒂迈欧篇》，谢文郁译，上海世纪出版集团，2005 年，第
19 ~ 22 页。

通过对还原论的双向辩护策略的解构，可以看到：尽管它们试图表明，还原论是一种理所当然乃至唯一合理的方法论，但不论是从认识论到存在论的上行路线，还是从存在论到认识论的下行路线，要么基于含混的知识外推，要么建立在看似合理实则武断的存在论假定之上。换言之，如果不诉诸全知全能的造物主，还原论者并不能证明其自身是唯一合理的方法论。因此，还原论的方法论并无可靠的基础，仅仅由还原论框定科学探究的基本方向，将不可避免地带来诸多还原论的教条。在对"生命等同于它的物质性，即等同于DNA 和蛋白质分子"这一教条的反思中，罗斯曼指出："如果将基因理论这项伟大成就的重要意义当作生物学中最高的成就，那么由此一来就有可能忽视许多其他成果或更为主要的意义。"[1]

---

1 ［美］斯蒂芬·罗思曼：《还原论的局限：来自活细胞的训诫》，李创同译，上海世纪出版集团，2006 年，第 4 页。

三、走向内在关系论的认识论

我们主张还原论不是唯一合理的方法论，这一结论对于整体论也是相似的，正如同：① "鉴于世界是可还原的，故只能用还原论来认识世界" 不成立；② "鉴于世界是整体性的，故只能用整体论来认识世界" 也不应成立。尽管①与②（特别是②）在逻辑上似乎相当合理，但我们依然要拒绝这种含混的语言游戏的诱惑，因为科学的实践目标并非是语言或符号的游戏可以概括的，也不是去复现造物主据以创世的模式。在前面关于还原论的双向辩护的分析中，我们应该看到，如果仅仅拘泥于语言和符号层面，存在论与认识论的鸿沟其实是难以跨越的。就是因为尚未意识到这一点，很多整体论者倾向于从存在论推演出认识论和方法论的独断性理路，冀图以整体论完全替代还原论，而其出发点则是表征主义的认识论以及作为其具体表现的理论优位的科学观，也就是我们前文所论及的表征主义的知识模式。

表征主义的认识论和理论优位的科学观可上溯至西方哲学的源头，其大意强调，科学理论可以获得对世界的表征，但世界又独立于我们对它的表征。科学被视为寻求理论知识以表征自然的事业，其宗旨为描摹、映照和反映独立于主体而存在的世界的真实面貌。但由此却在存在论与认识论之间产生了一系列难以逾越的鸿沟，即在认识主体与研究对象的分立、世界和我们对它的表征的分立、理论知识与知识应用的分立等二元分立之下，如何抵达那些假定与表征相符合的事物？何以检验作为表征的理论知识是否精确地反映了被表征的事物？又怎样赋予知识应用以合法性？逻辑经验主义曾经企图诉诸经验观察对理论表征加以独立检验，进而提高其逼真度，推动科学知识的进步。而观察渗透理论的论点和杜恒—蒯因论点的提出，不仅通过解构观察语言的中立性和经验证据对理论知识的充分决定性而动摇了理论优位的科学观，还迫使人们从形而上学层面进一步反思表征主义的认识论的局限性。

表征主义的认识论实质上是服务于抽象的大写主体——如柏拉图主义的造物主——的认识论，它暗示了还原论的两个基本形而上学预设：本质主义的外在存在论和构成性的实体实在论。表征主义的认识论将科学活动抽象为纯粹的认知主体对超越性绝对存在的镜像式知识表征。由此，抽象的大写的主体取代了复数的小写的人——视域不同、视角各异的科学活动的参与者，而原本人存在于其中且随情境而变化的世界，被纯化为独立于主体存在的具有唯一性的本质的世界。在表征主义的认识论和本质主义的外在存在论的双重架构下，尽管人并未因上升为大写主体而成为具有超越透视能力的造物主，却被赋予像上帝那样站在世界之外观察而不介入世界的姿态，求知的任务随之被框定为表征实在的本性，以使知识符合永恒存在的本质世界或再现造物主创世的设计与模式。这种隐藏着"上帝之眼"的认识论－存在论架构实质上是基于空间隐喻的，进而暗示了视线在空间上渐次移动的方向性和层次性，不仅使作为超越性存在的世界在主体视觉空间中投射为在场的实体，还先验地赋予此实体化了的世界以可分割的空间性，令其呈现为若干部分和层次中具有固有属性的次级实体的集合，由此在形而上学层面形成了与还原论相契合的构成性的实体实在论。

正是本质主义的外在存在论和构成性的实体实在论，使还原论未受质疑地成为默认的科学方法论，甚至进一步导致了具有独断论意味的强微观还原论思想。这种思想将由对世界的构成性及相关属性的探究而获得的还原论的理论知识体系等同于对世界的本质的唯一表征。但耐人寻味的是，这些表征的内涵和形式实际上是在不断变化的，从柏拉图和开普勒的多面体到牛顿和拉普拉斯的钟表宇宙，再到生物信息学、人工生命和量子计算理论昭示的"计算主义"和"宇宙计算机"，如此众多的表征显然很难证明其唯一性，它们与其说是对存在的表征，不如说是关于存在的隐喻。例如，依照计算主义的观点，整个世界都是由算法控制，并按算法所规定的规则演化的，甚至在终极的意义上承诺"实在的本质为计算"之类的存在论命题，但这样的承诺不过是关于世界的一种非排他性隐喻。表征主义的症结在于，一旦将基于知觉和经验的知识观念不恰当地上升为被知觉与被经验的事物的不变的本质，就很容易导致形而上学的独断。

实际上，人的认识活动并非表征主义所暗示的那样可以简化为词与物的映射关系，其本质是人与世界的相互作用，为此，我们应该引入一种内在关系论的认识论以克服表征主义认识论的局限性。只有当在世界之中的人与各种物质性力量发生内在相互作用（intra-action）时，才能跨越存在论与认识论的鸿沟，使认识对象定位为可通过相互作用加以理解和操控的现象，而不仅仅是隐藏在现象背后的绝对实在或数学真理。在内在关系论的认识论看来，认识是通过内在关系而深入所知对象之中的过程，也是一个包括人在内的各种作用者通过复杂的作用相互型塑的过程。反过来看，当人们认为他认识到了什么时，实际上是指他能够或者可能与认识的对象发生某种内在相互作用，而所谓知识实际上是认识对象涉及的各种相互关系的知识。对此，马克思早就从实践的范畴出发，指出认识过程是人的实践过程的内在组成部分，包括主体改变客体并使其转化为人的力量等应有之意。

在经验论与实证论者看来，以经典物理为代表科学的基础主体是对客体的表征式描述，但在量子力学之后，情况发生了根本性的变化。

对此，玻尔指出："我们面临着自然哲学中的一种全新的认识论问题，在自然哲学中，经验的一切描述一向是建立在普通语言惯例所固有的假设上。这种假设就是，明确区分客体的行动和观察的手段是可能的。这种假设，不但为一切日常经验所充分证实，而且甚至构成经典物理学的整个基础；而经典物理学则正是通过相对论得到了如此美妙的完备性。然而，当我们开始处理个体原子过程之类的现象时，由于它们的本性如此，这些现象就在本质上取决于有关客体和确定实验装置所必需的那些测量仪器之间的相互作用。因此，我们这时就必须较深入地分析一个问题：关于这些客体，到底能获得哪一类的知识？一方面，在这种问题上我们必须意识到，每一个物理实验的目的——在可重演的和可传达的条件下获取知识——并没有为我们留下选择的余地。不但在测量仪器的结构及使用的一切说明中，而且也在实验结果本身的描述中，我们只能应用日常的或许曾被经典物理学术语修改过的那些概念。另一方面，同样重要的是理解这样一个事实：这种情况就意味着，当所涉及的现象在原则上不属于经典物理学的范围时，任何实验结果都不能被解释为提供了和客体的独立性质有关的知识，任何实验结果都是和某种特定情况有着内在联系的，在这种特定情况的描述中，必不可地会涉及和客体相互作用着的测量仪器。"[1]

近 30 年来，科学哲学、技术哲学和科学与技术研究（science and technology studies）所提供的分析、批判和描述表明，科学日益演进为技术化科学，技术性已经成为自然科学的内在维度，科学活动的本质并非如自然之镜一般被动地反映现成呈现的世界，科学的实际目标不仅仅是透过理论知识领悟形而上学的真理，而是在仪

---

1 ［丹］N.玻尔：《尼尔斯·玻尔哲学文选》，戈革译，商务印书馆，1996 年，第 128 ~ 129 页。

器与工具（包括计算工具）所允许的水平上介入自然、影响自然。表征主义的认识论实质上是一种旁观者的认识论，它将主体抽象化为"摄像机"加"解释者"。但实际上，认知本身总是通过行动展开的，即便是最简单的看也是如此。在《视觉新论》中，贝克莱就曾指出，我们只有学会了在世界中走动以及在世界中干预，才有了三维视觉。在分析用显微镜看时，哈金指出："我们之所以相信我们看到的结构，是因为我们可以用完全物理的方式干预它们，如显微注射。我们之所以确信，是因为使用截然不同的物理原理制造出来的仪器，观察到相同样本具有非常相同的结构……总之，关于婴儿双眼的三维视觉，贝克莱《视觉新论》说的可能不全对，但是当显微镜让我们进入微观世界时，贝克莱路线无疑是正确的。"[1] 也就是说，人们通过操作而不只是观看，才学会了透过显微镜看。类似的，所谓科学观察不仅仅是渗透着理论的看，而且必然包含着一系列的操作，像温度计等测量工具本身实质上就是某种操作性的工具。知与行作为一个整体表明了认知的条件性和有限性。对于行动的无限可能性而言，我们的知识总是显得不足，很多时候，我们甚至不知道我们的行动究竟意味着什么。可以说，科学在很大程度上与其说是一个以正确表征抽象真理为首要目标的纯认知活动，毋宁说是处于不确定状态的人不懈地为寻求相对确定性而发展出的人类有限知行体系。

如果从内在关系论的认识论出发，就可以看到，表征主义的认识论所追求的抽象的理论表象乃至形而上学真理不应该是认识的目标，而应该使其服务于认识——即将它们视为认识的脚手架和工具。对于整体论者而言，不应仅诉诸形而上学——抽象地主张世界本质的整体性及永恒秩序，也不应满足于站在世界之外解释世界，而应该致力于设计基于整体论方法的实验，使我们能够与研究对象发生

---

1 伊恩·哈金：《表征与干预：自然科学哲学的主题导论》，王巍、孟强译，科学出版社，2011年，第167页。

某种内在的相互作用，唯其如此，才可能建立和发展有效的整体论知行体系。其实，每个能动者都面临着如何最好地利用其环境的问题，认知是人对环境的适应，思维之物本身就是选择与制造的结果。作为能动者，总是以其当前所具有的技能、知觉与行动去面对自己的环境；当环境复杂到难以应对时，能动者或发展出新的技能、或简化环境、或双管齐下。[1] 实验就是综合运用已有的知识与技能制造思维之物与简化环境的过程，即使认知对象通过可介入而呈现的过程。不论是何种整体论的知行体系，都应该引入实验方法，否则我们只能研究整体论哲学而不可能发展整体论科学。内在关系论的认识论与表征主义认识论的根本不同在于，它不再强调抽象的理论表征，因而理论与其说是认识的目的，不如说是认识的中介。不论是基于还原论还是整体论的知识体系，都应该用是否能引入内在相互作用而影响研究对象来检验其有效性，而且有效性本身并不意味着该知行体系可以上升为形而上学的绝对存在。这样一来，既可以有效地避免相对主义，又能以对形而上学的拒斥防止独断论。

---

1 ［美］丹尼尔·丹尼特：《心灵种种：对意识的探索》，罗军译，上海世纪出版集团，2010 年，第 120 页。

四、从还原论转向整体论之路

通过前面的讨论，我们看到，还原论并不是唯一合理的方法论，整体论作为一种方法也不应诉诸某种形而上学的优越性，而应以其所引入的内在相互作用的有效性开拓其知行体系。在本节，我们要强调的是经验的有效性是建构整体论的知行体系的首要策略。因此，我们认为，不论是在方法论层面还是在知行体系方面，整体论的发展不可能与还原论及其既有知行体系相隔绝，至少，还原论所遭遇的困境，已经为整体论的发展提供了生长点，这也是由科学研究策略中固有的机会主义所决定的。因此，比较现实的策略是从还原论的困境出发走向整体论。

那么，如何从还原论的困境出发走向整体论呢？毋庸置疑，还原论所必然遭遇的困境是，对构成性的实体的探究并不能替代对世界复杂过程的理解，对部分与层次的理解也不可完全拼接为对整体性的把握，不论是强微观还原论还是所谓还原论的整体论，都不仅没有改变这些事实，反而促使人们为克服其必然困境而寻求旨在理解整体性的整体论。可行之道应为，从当代科学实践出发，寻求对还原论的基本形而上学预设的超越，其具体路径包括以下方面：

其一，从本质主义的外在存在论走向现象论的参与存在论。本质主义的外在存在论是还原论的形而上学预设之一。然而，人显然不能像上帝那样站在世界之外透视世界，所谓本质主义的外在存在不过是一种形而上学的想象。作为认识对象的存在从来就不是等待人去发现的现成的存在，而是在具体的实验和观察中呈现出的可以感知、描述和操控的现象；不是抽象和纯粹的自然，而是人参与其中的人化自然。在包括基于还原论的科学在内的科学实践中，所谓直接面对和表征独立于主体的外在存在，不过是一种理想化的主张或自我合法性证明，如果将其视为事实，有可能导致强还原论和科学主义之类的独断论。海森伯对量子世界的不确定性关系的诠释表明，测量活动本身会对被测量对象产生干扰，观测仪器与测量对象间的互动使两者不可分割；即我们只能在特定的情境、视域和视角下，通过对现象的作用去把握现象，我们的参与影响到了现象本身。人存在于具体的现象世界之中，我们所面对的世界都是我们置身其中、参与其中的世界，都是与情境、视域、视角相关的现象世界。因此，即便我们希望获得对世界的整体性把握，也只能先通过情境、视域、视角的转换而获得各种可解释的现象世界，再力图将这些"存在的碎片"缝合起来。

其二，从构成性的实体实在论走向生成性的关系实在论。表征主义的认识论所暗示的构成性的实体实在论是还原论的另一个基本形而上学预设。从内在关系论的认识论和现象论的参与存在论出发，我们看到，作为认识对象的现象是在人与世界的互动关系中生成的，因此，由这些现象所呈现出的实在首先是生成性的关系实在。论及关系，常识（一般为宏观机械世界中的经验）认为有关系必有关系者，具体的关系者如实体及其属性至少在时序上与具体的关系同时发生。而在一般系统论中，对关系而言，作为关系者的要素实体或子系统及其属性似乎也是不可少的。但在量子力学中，互补原理指出，对某些属性的测量会同时排除对另一属性的测量，尽管后者对描述另一种关系同样重要，如微观粒子的波粒二相性。这一方面说明实体和属性是通过关系显现的，但同时也消解了实体及其属性的本质性或根本性。

玻尔指出：一方面，"在经典物理学和量子物理学中的现象的分析方面，基本的区别就在于，在前一种分析中，客体和测量仪器之间的相互作用可以略去不计或得到补偿，而在后一种分析中这种相互作用却形成现象的一个不可分割的部分。事实上，一种严格意义上的量子现象的本质整体性，在这样一种情况下得到了逻辑上的表达：企图对现象进行任何明确定义的细分，都需要一种实验装置上的、和现象本身的出现不能相容的变化"[1]。另一方面，对于量子现象而言，较宣称"通过观察来干扰现象"或"通过测量来创造原子客体的物理属性"，更适当的做法是用"现象"一词表示在那样一种情况下得到的观察结果，该情况的描述包括整个实验装置的说明。同时，应意识到每一个原子现象都是封闭的，即表示现象的观察是以利用在有着不可逆性能的适当放大装置中所得到的纪录为基础的，只有当涉及这样的封闭现象时，量子力学表述形式才有其明确定义的应用。[2]这一点在量子纠缠（quantum entanglement）中更为显著，如 EPR 实验表明，若将由两个以上的粒子组成的系统中的每个粒子视为子系统，它们就有可能相互关联而不可分离。据此，若坚持子系统及其属性的实在性，就会认为量子力学因无法克服某种认识论与本体论的鸿沟而不完备，但若将关系放在优先的地位，将关系者及其属性视为非先决性的或非必然性的，则又是自洽的。对于整体论而言，优先考虑关系意味着构成性的实体及其属性是在具体的关系中生成的，由此使我们可以借助构成性实体去认识整体，但又不将其固定化，而保持更灵活的认识策略，这也是东方思维的一个特点。

在这两个形而上学的超越的基础上，可以进一步引出从还原论走向整体论的方法论原则：①互补方法论原则。这一原则主张，不是简单地否定既有的还原论科学的成就，而是从认识整体性的需要出发，强化整体认识的维度，以此避免孤立地从部分属性理解整体现象单一的认识路径。以生命科学为例，互补方法论原则主张，在基因组、蛋白质组等微观还原论研究路径之外，应该同等地重视对整个细胞、生

---

1 ［丹］N.玻尔：《尼尔斯·玻尔哲学文选》，戈革译，商务印书馆，1996年，第186页。
2 同上，第187页。

命体、种群乃至整个生态环境的整体现象的研究，而不是简单地以前者说明后者。对此，帕斯卡早就提出过如何处理部分与整体关系的原则：不认识整体就不可能认识部分，同样的，不特别地认识各个部分也不可能认识整体。在科学史上，很多认识的深入都是由还原论与整体论进路的互补促成的。例如，在有关肌肉收缩机理的研究中，对肌肉细胞中的化学物质的研究和对肌细胞整体机制的研究共同深化了人们对此问题的认识。②超越层次与领域的原则。一方面这一原则承认还原论科学的既有成就有其合理性，另一方面，又不将其所揭示的认识层次和领域绝对化。对此，刘华杰所提出的"逾层凌域"是有一定道理的。一旦我们将还原论科学所揭示的层次仅仅作为科学探究的脚手架，就不会再拘泥于对所谓"最基础的层次"、"最基本的原因"及自下而上的因果链的寻求，而会通过对各种层级内、层级间以及从整体到部分等自上而下的关系的研究突破还原论的局限性。这种方法或许不是理想或纯粹的整体论，但不失为可行之道。同样的，整体论也应该突破由领域的划分而带来的局限性。对领域的超越不仅提倡跨学科研究，还主张突破本质主义的外在存在论，强调主体的参与，重视认识过程中的主体际性与视域的融合。例如，包括一般系统论在内的很多整体论研究预设的存在论立场依然是本质主义的外在存在论，特别是一些社会系统科学研究所预设的"客观"的旁观者视角很容易产生误导。正是为了克服这一局限，管理学家阿可夫（R. Ackoff）提出了"交互式规划"，认为社会系统科学的客观性只能通过具有不同价值观的个体团组之间的交互作用加以逼近。[1] ③重视关系与过程的原则。鉴于还原论重实体轻关系和过程的弊端，整体论方法应该强调对关系与过程的研究，即主张关系优于关系者，过程优于属性。从关系与过程的角度来看，还原论科学所关注的实体不过是对关系与过程某种局域化和静态化的处理，提倡整体论首先要恢复被实体化所遮盖了的关系和过程。

---

1 ［英］迈克尔. C. 杰克逊：《系统思考——适于管理者的创造性整体思考》，高飞译，中国人民大学出版社，2005年，第151～172页。

具体而言，就是将实体复原为异质性的关系与动态过程，也就是说，应该将实体视为导致整体性的关系与过程的结果，而不是将关系与过程视为实体的属性的外推，只有这样，才可能获得对整体的认识。

在从还原论走向整体论的现实过程中，必然涉及一个如何处理两者关系的问题。为此，我们应该采取什么样的策略呢？我们认为，提倡整体论，并不意味着可以不加反思地排斥还原论方法及其知行体系或无原则地接受所有整体论的思想方法及其知行体系。一方面，如果从工作假设的角度来看还原论所设定的知识秩序，可以将其视为人们从不同侧面对自然进行认知操作的结果。同时，必须强调，我们的科学将——在它的任何实际发展的给定阶段——处于这样一种情境，对于高度复杂的自然，科学只能提供给我们更多局部和不完全的表征，因为我们对自然过程的认知建立在与自然相互作用之上。[1] 由此，基于还原论方法的不同的知识表征体系之间的关系不再具有那种倒金字塔式的规定性。论及量子力学与经典力学的关系，卡特赖特指出，并无充分的证据可以表明量子力学是真的而经典力学是假的。量子帝国主义或许是从表面上克服量子描述与经典描述之间的矛盾的最简便方法，它主张除了量子描述之外，别无有意义的属性，若经典描述为真，就必须可化约为或随附于量子描述。但"这种彻头彻尾的帝国主义与还原论远远超出了证据所保证的。我们必须面对实践科学的艰巨任务，继续确定量子力学可对经典行为作出什么预测。"[2]

论及与还原论方法论相关的简单性，现代哲学家怀特海曾经指出了一条方法论原则：寻找简单性并怀疑它！如果我们将这条方法论原则用于整体论，就成为："寻求整体论并怀疑它！"任何被认为或自诩为科学的知行体系都有辩护的权利和接受质疑的义务。常见的一种

---

1 ［美］尼古拉斯·雷舍尔：《复杂性：一种哲学概观》，吴彤译，上海世纪出版集团，2007 年，第 61 页。
2 ［英］南希·卡特赖特：《斑杂的世界》，王巍等译，上海科技教育出版社，2006 年，第 266 页。

辩护策略是普特南对科学实在的奇迹论辩护：如果说科学理论所指称的实在子虚乌有，那么现代科技就是一个不可能发生的奇迹。同样也可以反诘：如果中医是伪科学，那么它在至少两千年中所体现出来的有效性如何解释？谈到质疑，必须注意的是，一方面，任何人类的有限知行体系原则上是可错的，但是像现代科学这样的知行体系，已经建立起了复杂而庞大的知识网络、行动网络乃至信念网络，因而具有极大的自我调节能力，要想从根本上动摇其理论根基，或者从外围引入根本性的创新，绝非易事，这可能是民间科学不太容易认识到或不太愿意承认的；另一方面，传统的知行体系也不可回避批判性的质疑，传统不等于可以不假思索地接受真理。今天有人大力提倡东方思维和整体论科学革命固然不错，但对待整体论和还原论不应该是简单的支持和反对，而应该从这种开放性的原则出发，才不至于使得对整体论的提倡沦为一种简单的宣传。十分推崇中国传统思想的李约瑟在这方面堪称典范。他在肯定阴阳五行思想甚至谅解沈括因为受其制约而错失发现置换反应的良机的同时，也曾经尖锐地指出："像五行论这种以一概全型的理论，由于长期被人毫无批评地接受，结果使这些化学现象，迟迟不能获得正确的解释，这种情形究竟到了怎样的一个程度，那才是我们所要追究的问题。在这一点上就难为那些理论洗脱了。"[1]出现此问题的一个重要原因恐怕在于对观念性的理论的神圣化，结果导致了以鲜活的现象比附具有无限解释力的理论，而不是从行动的效果反观知识的有限性并寻求更佳的可实现性。这种刻舟求剑、削足适履的做法所导致的思想惰性无疑是值得反省的。论及作为中医经典的《内经》，也有人指出，它实际上源于思辨哲学与临床医学的糅合[2]，且不论这种评价是否得当，对其提出质疑原则上也是可以的。

---

1 李约瑟：《中国古代科学思想史》，江西人民出版社，1999年，第337页。

2 区结成：《当中医遇上西医：历史与省思》，生活·读书·新知三联书店，2005年，第30～33页。

第六章 科学的价值取向与伦理考量

在科学实践中，事实与价值往往相互纠缠，对科学理论的接受和对科学事实的阐释往往与价值选择高度有关。现代科学的兴起与科学共同体的自治和科学探索的自由密不可分，科学的自主性和自治是科学共同体与社会之间达成的一种理想化的社会契约。由此产生的科学的精神气质决定了科学建制内的理想化规范结构：一方面，它们是约束和调节科学共同体的行为准则，并且已经内化于科学教育和专业训练之中；另一方面，它又是科学共同体（特别是纯科学和学院科学）维持必要的学术自治的依据。在科学研究中，科学共同体必须坚持客观性原则。为此，不仅要克服科学研究中的错误和偏见，还要在科学实践中构建起主体间的共识客观性，进而走向可靠的科学与实践的明智。面对科技发展所带来的伦理冲突与道德抉择，科技伦理反思的展开与规范的建立成为科技实践不可或缺的内在环节。

一、科学理论的接受与价值选择

　　科学研究必须坚持客观性标准，但一种科学理论能否为科学共同体和社会所接受又不完全取决于严格的客观性标准。在有些情况下，当一个理论涉及一些重大的价值选择时，也会影响到这个理论的可接受性。在核冬天理论和盖娅假说被接受的过程中，价值的选择起到了关键性的作用。

　　1981 年 9 月，全世界的核武器储量已接近相当于毁灭 100 万个日本广岛的原子弹的当量数，国际科学联合会对此表示了极大的关切，并且向全世界的科学家呼吁科学家有责任就核武器扩散这一重大问题向各国政府和人民发出警报。1982 年 4 月，联邦德国马克斯－普朗克化学研究所的克鲁真（P.Crutzen）和美国科罗拉多大学的博克斯（D.Birks）发表了研究论文"核战后的大气层：昏暗的中午"。他们对由大量烟云所导致的天空变暗现象进行了简单的定量分析，由此拉开了核冬天研究的序幕。他们向人们勾勒出了恐怖的核冬天景象：在相互的核攻击结束之后，数千米厚的黑色烟云遮天蔽日，地球上的黑暗与寒冷将持续几个月之久，即使在白昼，幸存者也会伸手不见五指，所有河流湖泊均会封冻，动物与庄稼灭绝，任何人也无法熬过这种长久寒冷的黑暗时期。

　　作为一个科学研究的课题，这篇文章的计算是初步的，而且也没有太多准确的实验依据，但由于这个问题本身十分重大，而且研究者所做的形象化的描述有极强的感染力和传播效应。因此，1983 年 10 月，由美国生态学会和美国生态学研究所发起，全世界 100 多名科学家举行了"核战争后的世界"专题讨论会。沙根（Carl Sagan）等 5 位科学家提出了令世人震惊万分的"核冬天"理论。他们指出，核爆炸除了产生核辐射、冲击波、热辐射、放射性沉降和电磁脉冲干扰等 5 种破坏作用外，还将产生第 6 种灾难性的破坏——改变地球的气候。一场全面的核战争之后，数亿吨、厚度达到 4 万～5 万米的尘埃和烟雾将把整个地球笼罩起来，阳光被完全遮蔽，陆地和海洋的气温骤降，地球上将出现数月乃至逾年不见天日的黑暗和严寒——核冬天。北半球中纬度地区的气温在数周内降至 $-16℃ \sim -25℃$，植物和农作物要么被冻死，要么因无法进行光合作用而死去，海洋植物也大量死亡。同时，人和动物在爆炸后短期内大量死亡，幸存者又会面临食物和饮水缺乏的劫难。整个陆地和海洋生态系统受到毁灭性的破坏，地球成为一个老鼠、蟑螂和苍蝇等横行的世界。幸存下来的人类可能被迫像原始人一样以打猎和采集为生，但面对核辐射、破坏殆尽的生态环境以及内在的巨大精神压力，幸存者可能会在很短的时间内自然消失。核战争意味着核冬天，核冬天则进一步预示着人类和地球生态系统的毁灭。

其实，核冬天作为一种科学理论并不是十分严格的。虽然有一些事实可以作为它的证据，例如，1815 年松巴哇岛上的坦博拉火山爆发后，产生的岩屑环绕全球，次年全球异常寒冷；还有 1971 年观测到的火星尘暴使火星温度迅速下降的现象。但是地球的气候变化是十分复杂的，核冬天理论的具体结论甚至可能是错误的。然而，即便是许多喜欢挑毛病的科学家，也对这个理论作出了极高的评价，因为它首次明确地告诉世人，核战争意味着总体毁灭。美国物理学家戴森指出："'核冬天'并不仅仅是个理论，它同时也是个具有高尚道德含义的政治宣言。如果人们相信核武器不仅会威胁到我们及敌人的存在，甚至可能灭绝整个地球上的人类社会，那么这种想法就有其价值。它能带给所有国家的反核运动强而有力的支持，也能增加那些支持废除核武器的政治家的影响力……"[1]

戴森还认为，不论技术上的细节是否确定，"核冬天"都是一个标记，一个由于人类暴行而伤害地球母亲的标记。"核冬天"不仅是技术上的问题，它同时更是道德上和政治上的问题。它强迫我们自省：不论我们由核武器所获得的利益有多少，都会被其危险抵消掉。而这种难以挽救的危机，无论如何都是不允许存在的。[2]

由此可见，"核冬天"意味着，核战争是极度违反人性的罪行，是全体人类的自我毁灭之路。一旦问题被提到全体人类生死存亡的高度，人类就可能制定出一个普遍的伦理法则去消除这种危险。当前，尽管全世界仍未消除核武器，但相对于其他全球问题，消除核武器的前景似乎较为乐观。原因是任何一个有理智的人都明白，核战争中没有胜者。"核冬天"理论的成功表明，人们在接受科学研究及其结论时，是有其价值考虑的。特别是一项研究的课题是人们倍感焦虑的问题时，人们往往更关心的是如何根据这项研究去改变他们所焦虑的现实。

盖娅理论是另一个典型的案例。1969年，曾经对探明臭氧层破坏原因做出贡献的英国学者J.E.拉伍洛克（J. E. Lovelock）提出了著名的地球生命体理论——盖娅理论（Gaia Theory）。[3]盖娅是希腊神话中的大地女神，拉伍洛克通过把整个地球看成盖娅，而强调地球具有的类似于生命的属性。其主要论点是：地球是由地圈、水圈、气圈以及生态系统组成的一个生命体，这个生命体是一个可以自我控制的系统，对于外在或人为的干扰具有稳定性。

盖娅理论最有意思的地方是它使神秘性和实证性并行不悖。一方

---

1 ［美］F.J.戴森：《全方位的无限》，李笃中译，生活·读书·新知三联书店，1998年，第283页。

2 同上，第286～287页。

3 ［日］岸根卓郎：《环境论：人类最终的选择》，南京大学出版社，1999年，第123～125页。

面，拉伍洛克指出，所谓盖娅，是欲努力使地球成为适于人类生活的大慈大悲的女神；另一方面，他又指出，盖娅就是拥有自我调节能力的存在，她自成一体，不拥有意志，但具有对地球环境在化学、物理方面的控制，使地球自动保持健全状态的能力。他用比喻说明了这一点：大地女神的作用，不是人类使用头脑，而是在无意识过程中在化学、物理方面控制身体，类似于人体将体温控制在37℃这种自动调节机能。

显然，盖娅理论与传统的机械论与分析还原思想有很大的不同。在盖娅理论中，有很重的目的论色彩。在谈到森林火灾时，拉伍洛克指出，森林火灾在世界上到处发生，但它又不会将森林烧光。这意味着由于地球具有某种整体调节作用，为了维护生物在地球上持续生存这一目的，森林火灾不会超越大气中氧气浓度的危险线。盖娅理论所用的类比的思维方式也是十分独特的。拉伍洛克十分形象地为地球画了一幅画：正如身体在头脑和身体中是核心那样，亚热带和热带是大地女神的核心和要害，这一地带的生物活泼地进行繁殖活动，既使在冬天，环境条件也自动地被调节而变化不大。环境条件变化剧烈的，是相当于身体手足的两极地区和温带地区。

这一假说刚提出时，全球生态问题和气候变化等并不明显，假说中的神秘主义色彩使其一度被认定为伪科学，甚至被《伪科学百科全书》记录在案。根据拉伍洛克的回忆，许多科学家正是读他的书的第一版而反对盖娅学说的，这些科学家的态度延缓了盖娅理论的发展，直到1995年，一位科学家在任何一个地方要发表一篇关于盖娅的论文都几乎是不可能的，除非不赞成它或者诽谤它，但随着全球生态问题日渐成为人们关注的焦点之后，现在它终于成为一个有待认可的候选理论。萨根（Dorion Sagan）和马古利斯（Lynn Margulis）对盖娅假说给予了高度评价：盖娅假说是关于地球生命的一种科学现点，它表达了一种新的生物世界观。用哲学的话说，这种新世界观更接近亚里士多德主义的哲学而不是柏拉图主义的哲学。这种新观念是建立在地球事实而不是观念抽象基础之上的，当然也包含有一些形而上学的内涵。这种新的生物世界观（盖娅假说是其中的主体部分）接受了生命循环的逻辑和工程系统的逻辑，而抛开了希腊—西方的终极三段论的传统。[1]

如果盖娅理论成立，我们似乎应该对环境问题持乐观态度。但有两个问题是难以回避的：其一，地球的自动调节能力有一个限度，一旦超过这个限度，地球的稳定性就会被破坏；其二，地球自动调节的结果不一定有利于人类的生存。因此，盖娅理论实际上是一种深刻的环境理论。盖娅理论给我们的最大启示是：地球作为一个整体，其内在联系和相互作用十分复杂，我们现在所知的仅是皮毛。

透过盖娅假说这个案例，可以看到，今天人们之所以关注盖娅假说，是因为我们正不得不致力于修复我们生长于斯的地球。面对全球变暖等日益加剧的生态危机，没有人知道地球是否已经临近或到达发生重大生态灾难的临界点，但都不同程度地意识到，地球是一个巨大而复杂的有机整体，生命与环境的相互作用决定了地球生态系统的状态与演变。这一观念能为地球科学和环境科学基本接受，在很大程度上归功于盖娅假说的提出、传播与折衷修正。30多年前，当拉伍洛克等人宣称地球上的生命与非生命成分通过相互作用而形成的复杂系统可被视为一个单一的生命有机体时，盖娅假说是一个近乎神话的假说，但它并没有被科学界的漠视或批评所淹没，而是通过理论修正和实验辩护，最终至少部分地汇入了科学的主流，成为"硬科学"。

然而，耐人寻味的是，尽管环境科学和地球科学已经放下矜持拥抱盖娅，还是有很多来自主流科学界的声音将其斥为"伪科学"。诚然，如果套用"证实"与"证伪"之类的所谓科学哲学教条，像盖娅这种将自然哲学与科学事实混杂并置的假说很容易被帖上伪科学的标签。而但凡有那么点儿科学史常识的人都知道，从神话到科学本是人类智性的沧桑正道。倘若今天的科学卫道士回到几百年前，离了那些"科

---

1 刘华杰：《盖娅假说：从边缘到主流》，《思想战线》，2009（2），第112～114页。

学即正确，正确即科学"的真经，或许会顿悟出有意义的不是一棒打死燃素说、原子论、火成论、热寂说乃至牛顿力学和相对论，而是通过讨论、建构和实验，让科学从头脑中的观念或纸面的模型走向对世界的技术性操控，促使它们通过建设性批判不断向前发展。

如今，盖娅假说不再被视为伪科学，人们甚至给它换了个更响亮的称谓——盖娅理论。但问题是，一方面，它最终能不能真的被科学共同体所接受，还要看其量化概念和实验模型能否得到进一步的实验和观测的检验，看其能否帮助人们通过技术性操控有效修复生态失衡的地球；另一方面，如果不幸为《伪科学百科全书》言中，如果它的很多细节都无法为可观测和计算的经验事实所验证，那么，盖娅假说就完全没有意义了吗？还是像核冬天理论那样依然有其积极意义？循此思考下去：科学能够完全脱离其自然哲学或价值文化内涵吗？它们之间的关系是单向决定、相互影响还是偶然关联呢？

二、科学的自主性与精神气质

现代科学的兴起与科学共同体的自治和科学探索的自由密不可分。作为社会建制的现代科学源于 17 世纪英国的"无形学院"，其基本性质是以自由探索为目的的社团和沙龙，而正是这些自治的共同体推进了科学革命的发展。科学自治的理念可追溯至早期大学所形成的学术自治与自由探究的传统。在中世纪后期，西方世界的知识中心是大学，12 ~ 13 世纪创立的巴黎大学和博洛尼亚大学曾经开启过开放入学、信息公开和自由探究的大学理念，神学论辩和法律推理训练得以自由开展，为宗教改革和西方政治与经济制度的构建奠定了基础。但到后来大学陷入经院哲学的樊篱并成为世俗权力的附庸，终因丧失学术自由和共同体自治而错失科学革命的良机。19 世纪，洪堡在德国创立现代大学，大力倡导教学自由和学习自由的理念。洪堡强调，科学并不是通过机械性的学习可以把握的知识混合体，我们对这个世界的理解必然是不完全的，应该让学生参与到探究知识的事业之中，使其既能理解探究的过程又能领会探究的结果，故应使探究和学习成为一个整体——现代研究型大学由此产生，科学知识的生产与科学共同体的自我生产自此连成一体。

在深受标准科学观影响的科学社会观看来，科学的自主性和自治是科学共同体与社会之间达成的一种理想化的社会契约——社会委托并支持科学共同体自主地代表社会寻求客观和普遍的知识。这一契约的合法性依据主要有三点。其一，科学具有客观性和普遍性。科学旨在寻求客观真理，其所获得的关于自然的客观知识具有普遍的适用性和有效性，原则上不受任何人的特殊旨趣和利益的影响，但所有的人都可能理解和参与科学研究，并有可能公开地对其进行检验，就其达成共识。其二，科学是有用的，知识就是力量。具有普遍性与客观性的科学知识不仅有其自身价值，还具有无限的应用前景，能够使社会普遍受惠。其三，科学的首要目标是为知而求知。尽管科学是有用的，但科学家首先关注的是追求真理，获取知识，只有当科学为知识自身的价值而探索时，其客观性、普遍性以及研究的价值才能获得保障并不断提升。一言以蔽之，社会应赋予科学自主性和自治权，这样既最有利于科学发展，亦必然使科学最有效地造福社会。这样一来，科学因其自身目标完全符合社会公益而成为独自运行的社会建制——在社会之中而不受其规制。

从科学旨在寻求普遍客观的知识这一求真的信念出发，默顿（Robert Merton）指出，作为社会建制的科学为了有效践行其社会契约，预设了若干科学的精神气质（ethos）。所谓科学的精神气质，是指用以约束科学家的有感情色彩的一套规则、规定、惯例、信念、价值观的基本假定的综合体，包括普遍主义（universalism）、共有主义（communalism）、无私利性（disinterestedness）和有条理的怀疑主义（skepticism）等体现在科学的道德共识中的制度化规范。普遍主义主张，任何关于真相的断言都必须服从于先定的非个人标准，科学具有非个人性和实际上的匿名性，它要求科学拒斥特殊主义，对所有有才能的人开放，不分种族、国籍、宗教、阶级和个人品质。共有主义强调，科学是公共领域的一部分，是公共知识的累积，科学发现是社会协作的产物属于社会所有，应将科学中的产权削减到最小限度，科学家对"他自己的"知识"产权"的要求仅限于要求对这种产权的承认和尊重。无私利性指出，无私利性是一种基于科学的公共性和可检验性的基本的制度性要求，科学研究及其成果的可证实性都要受到同行专家的严格审查。有条理的怀疑主义主张依照逻辑和经验的标准悬置判断和公正地审视信念，它既是科学的方法论要求也是其制度性要求。[1] 此外，默顿看到科学中的优先权争论暗示着对"原创性"（originality）和竞争非常高的评价，进而强调科学贡献的原创性在科学的制度中具有最高价值，科学家的原创性获得同行承认表明其已经达到了对科学家最严格的角色要求，是个人利益与道德义务相符合并融为一体的快乐局面，是科学中其他外部奖励形式的最终源泉，对同行承认的优先权的奖励为公开的科学交流和科学的公有性提供了制度化的动力基础。[2] 这套兼具方法论和制度性的规范就是默顿规范，当代科学社会学家齐曼将其概括为 CUDOS。

默顿认为，科学的精神气质或默顿规范既是科学的学术规范也是其道德规范，正是这种自律使社会赋予科学特有的自主性。在默顿的论述中，科学的制度性目标在于扩展得到证实的知识，获得知识的方法是不断寻求经验上被证实和逻辑上一致的对规律（预言）的陈述，科学的精神气质即源于此目标和方法的"制度上必需的规范"，它们既是学术规范也是道德规范，其必要性不仅因为程序上有效，还在于它们被视为正确的和有益的。[3] 进一步从历史背景来看，默顿提出科学的精神气质的初衷在于，为抵制国家社会主义对科学的干预提供社会文化基础——"科学家提高纯科学的地位"是维持"科学研究的自主性"的集体性努力。[4]

因此，科学的精神气质或默顿规范既是对科学理想化的制度性道德规范的阐述，也是在为作为社会建制的科学的崇高道德性辩护，而这些最终皆建基于科学共同体理想化的科学实践。科学之所以能够凭借无偏见因而是客观的判断标准获取普遍性的知识，并非个体科学家

---

1 ［美］R.K.默顿：《科学社会学（上）》，鲁旭东、林聚任译，商务印书馆，第365~376页。

2 同上，第 XII 页。

3 同上，第 365 页。

4 同上，第 VII ~ VIII 页。

的人格、权威性或特定的信仰使然，而是取决于科学实践的制度性特征，即共同探索，相互监督。简言之，虽然科学探索的主体是个人，但科学在本质上是社会性的事业，即科学共同体的实践。首先，不论如何理解科学知识的客观性和普遍性，其标准最终是由科学共同体决定的，其实际达到的程度取决于科学共同体具体的科学实践。一项科学主张是否被认为有充分根据，必须接受共同体的评判，其过程和结果必须具有可检验性和可重复性，以此确保单个的科学知识的生产者提出的并不仅仅是主观偏见。由此，同行的责任是科研诚信的必要保障，同行评议是科学得以提供客观和普遍知识的基础。唯有同行依据科学共同体内部的质量标准所实施的检验才是对科研质量最有效的监控，科学的社会责任的一部分恰在于通过信息共享并依据科学共同体所确立的标准维护科研诚信。其次，每个人的研究都建立在他人的研究之上，并成为科学共同体的科学实践的一部分，每个知识的创造者都要努力提供可信、原创和有价值的知识，同时应恰当使用他人的研究成果并予以尊重。

科学的精神气质决定了科学建制内的理想化规范结构：一方面，它们是约束和调节科学共同体的行为准则，并且已经内化于科学教育和专业训练之中；另一方面，它们又是科学共同体（特别是纯科学和学院科学）维持必要的学术自治、抵御外界不当干预的依据。当然，科学共同体的学术自治需要一些不可或缺的社会文化条件作为保障，其中最为重要的有二：其一，学术自由（academic freedom）不仅是研究机构的既定方针，而且已成为广泛的社会共识；其二，外界（包括民间机构和国家）对科学的资助（patronage）必须通过基于同行评议的公共筛选（communal filters）来确定分配方案。[1]

在对爱因斯坦等典型案例进行深入研究的基础上，我国学者李醒

---

1 [英] J.齐曼：《真科学》，曾国屏、匡辉、张成岗译，上海科技教育出版社，2002年，第64页。

民指出，在科学共同体内部工作的科学家，经过代代相传、亲身实践、自我反思和直觉领悟，逐渐形成了一套合乎道德规范而并非成文的外在行为准则，它们在科学家的心理世界中内化为科学家的科学良心，它令科学家内心形成在科学及其相关领域涉及的价值和伦理问题的是非、善恶的正确信念，并对自己应该承担的道德责任有所意识、反省乃至自责。科学良心使科学家个人自觉不自觉地规范其一言一行，并成为科学家群体的"集体无意识"，进而确保科学得以在正常的轨道上较为顺利地运行。科学良心是科学家应有的道德品格，也是科学研究和科学进步的内在要素。他指出，科学家的科学良心主要体现在以下方面：在科学探索的动机和目的层面，以追求真理、建构客观知识为己任；在维护科学自主方面，自觉抗争，保持相对独立；在捍卫学术自由方面，争取外在自由，永葆内心自由；在对研究后果的意识方面，防止学术异化，杜绝技术滥用；在科学发现的传播方面，实事求是，控制误传；在对待科学荣誉的态度方面，尊重事实，宽厚谦逊。[1]

历史的经验和教训表明，科学共同体的精神气质与科学家的科学良心，不仅是理想主义的追求，还具有重大的现实意义，甚至关系到人类的未来。科学家不仅仅是与价值无关的知识的生产者，而应该意识到作为研究活动和社会建制的科学必然与追求行为的善、对后果承担责任等价值伦理问题相关。

默顿规范能否作为科学的道德准则或探讨当代科学道德准则的基础？反对的声音至少来自两个方面。其一，一些科学史的研究表明，科学和科学家一直以来并非如同科学的精神气质所标榜的那么纯洁和高尚，科学知识社会学甚至认为科学从来都会受到外在的利益和价值的影响，科学知识是社会建构的产物；其二，自20世纪以来，科学的社会运行条件和机制发生了巨大变化，科学已经越来越多地与技术、产业、经济等相关，从为科学而科学的纯科学或"学院科学"嬗变为

---

1 李醒民：《科学家的科学良心》，光明日报，2004-3-30。

直接与利益相关的"大科学"和"产业科学"。但这两点其实并不成其为反对的理由。针对第一点，科学史如同其他历史，是对事态的描述，并不能动摇道德上应有的规范，人类社会一直都有违背诸如不伤害之类的基本道德规范的行为，但这并不能否定一些基本道德规范本身。而科学知识社会学在主张科学知识的相对性的同时也难免使自己陷入相对主义的质疑。针对第二点，可以指出的是，纯科学与大科学或产业科学之间并不存在明确的界限，没有办法将大科学和产业科学中的纯科学分离出来，任何科学研究都可能涉及纯科学，科学家往往拥有多重角色。因此，纯科学或学院科学依然存在，而默顿规范仍是探讨当代科学道德准则的出发点。

尽管默顿规范建立在理想化的科学建制之上，但仍然可以结合康德的道德命令和罗尔斯的反思平衡方法从中寻求科学的基本道德准则。首先，根据康德的道德形而上学思想，"只要按照你同时认为也能成为普遍规律的准则去行动"[1]，我们可以透过普遍主义、共有主义、无私利性、有条理的怀疑以及原创性等规范，审视其共同的观念基础中有无能成为普遍规律的准则。毋庸置疑，从纯科学的内在目的来看，这些规范都建立在力求科学知识的客观性这个准则之上。同时，从纯科学的外在目的来看，力求科学的客观性不言而喻地隐含着有助于无利益偏好地增进公众福利，提升共同的善。这两个方面在原则上都可以成为普遍规律。因此，我们可以初步选择确保科学的客观性和增进公众福利作为当代科学的道德准则或原则。然后，我们可以运用反思平衡方法追问确保科学的客观性和增进公众福利的确切内涵。

---

1 ［德］康德：《道德形而上学原理》，上海人民出版社，1986年，第140页。

三、从表征客观性到实践的明智

1645 年，英国产生了"无形学院"，后来在此基础上成立了皇家学会。学会成立时，科学家胡克（Robert Hook）为学会起草了章程。章程指出，皇家学会的任务是：靠实验来增进有关自然界诸事物的知识，致力于一切有用的艺术、制造和新发明。胡克为科学共同体所设立的目标有两层含义：其一，科学应致力于扩展确证无误的知识；其二，科学应为社会服务。显然，前者是后者得以实现的前提。由此，科学共同体的首要使命是扩展确证无误的知识，正是这一使命决定了科学共同体在科学研究中必须坚持客观性原则。

在今天，科技或广义的科学不再局限于学院科学或学术科学，而进一步拓展至技术、产业、工程乃至军事等应用领域，成为现代社会的一个重要专业。科技的专业目标可以大致分为知识性目标和应用性目标两类。在标准的科学观看来，前者以寻求关于世界的客观知识或真理为目的，后者则旨在运用这些客观知识去解决产业、工程、军事、医疗等领域的实际问题。虽然标准科学观受到了来自科学哲学的历史主义学派和建构论的科学知识社会学的批评，并认为科学知识是由权力等社会因素建构出来的，新经验主义的科学哲学也主张科学不过是人们用来认知世界的模型或地图，但一些科学家仍然坚信，人们有可能获得关于世界本身的客观知识或真理。实际上，即便对普遍意义上的客观知识或真理存而不论，依然可以通过科学方法的运用和共同体内部的讨论和交流尽可能地避免错误和减少偏见，在科技共同体主体间共识的意义上寻求具有相对客观性的知识。

科学研究中的表征客观性

不论科学如何发展，保持科学的客观性始终是科学研究必须遵循的原则。科学研究中的客观性首先建立在对研究对象的客观描述与探究之上，我们可以称之为表征客观性。为了保持科学研究的客观性，必须努力克服各种研究中的错误与偏见。科学研究是一个探究世界奥秘和解决现实难题的过程。在科学研究中，对研究对象的探究不可能绝对保持表征客观性，很多科学研究必然涉及对研究对象的干预，科学观察往往建立在理论假设之上，还可能受到某些潜在文化价值取向的影响。因此，科学共同体在对研究对象的描述、分析、解释、操作和控制中应尽可能减少研究者的主观因素对研究对象的影响，力图将不同研究者的主观差异对研究结果的影响降到最低，从而使科学共同体乃至整个社会相信科学研究过程和成果的真实性、可靠性及有效性。

一般认为，科学共同体已经形成了一套系统的科学方法，科学方法的运用成为其研究范式的一部分。若遵循科学方法，虽未必能达到绝对的客观性，却可以通过同行评议、重复实验等途径，在很大程度上克服研究中的错误与偏见。但在科学研究中，依然存在各种错误和偏见。

科学研究中的错误是指那些非系统性的孤立的差错，大致可分为故意的错误和无意的错误两类。故意的错误包括伪造、篡改、剽窃等科研不端行为，无意的错误又可分为疏忽大意和诚实的错误。诚实的错误是指研究者即便认真行事也可能出现的错误。如果研究者态度认真，一些疏忽大意和诚实的错误本可克服，很多现实发生的错误往往与科研不端行为和不当行为相关。由于科学研究是群体性的事业，一个故意的错误或由疏忽造成的错误很容易导致另一个诚实的错误。所以，有些诚实的错误源于理论或实验上认知的局限性，另一些则因接受他人的错误所致。研究中的错误虽然在原则上最终可以运用科学方法加以剔除，但也可能在被揭示之前或在对其危害认识不足的情况下，造成研究秩序的混乱，甚至导致灾难性的后果。可见，对科学研究来说，严谨和审慎的科学态度尤其必要。

科学研究中的偏见是由研究者的主观倾向造成的系统性差错，其危害波及整个研究数据、实验设计或理论假设。偏见可能源于研究者主观信念，如研究者对某一理论的正确性深信不疑到了无视证据的程度，也可能源于实验方法或分析方法上的漏洞。偏见一般涉及研究者错误的主观倾向，而与疏忽或恶意无关。很多有偏见的研究者相信他们的研究方法将产生真知，而未意识到，如果研究方法本身不客观可能会影响研究结果。如果研究者对其偏见过于执迷不悟，有可能导致选择性观察等自我欺骗的情形（参见下文有关病态科学的讨论）。较容易产生偏见的情况包括：在数据采集（如社会调查）中问卷本身可能具有暗示或预设；在观察现象时对观察结果有所预期；在进行统计相关分析时不加说明地忽略那些偏离相关曲线的数据；在因果推理中错将先后关系当作因果关系，等等。还有些偏见来自理论假说本身，如19世纪曾经盛行一时的颅相学，错误地假定头盖骨较小的人的智力和才能低下。克服研究中的偏见要从研究设计着手，一般可以采取加强研究样品或样本的代表性或随机性、引入实验组和控制组、进行双盲法试验等方法。在科学共同体层面，克服偏见的重要途径是坚持研究的开放性并倡导批判性的讨论。

值得指出的是，科学研究的客观性兼具知识上的客观性和伦理上的客观性双重内涵。知识上的客观性要求在从研究设计到成果发表的整个研究过程中，研究者应尽可能地坚持客观性，避免偏见，准确地传播研究成果并承认研究本身的局限性和不确定性；伦理上的客观性则进一步要求，研究者应该主动地反思、揭示、预防和阻止其个人和同行的研究在传播和应用中可能带来的误解、偏见和滥用。研究的应用性越强，伦理上的客观性越重要。例如，有一个研究者发现，实验室中暴露于香烟烟雾的老鼠在摄入某种物质后可以减少罹患肺癌的概率。这项发现发表在一个学术声望较高的科学期刊上，但一些非科学媒体很快了解到这一成果，并错误地宣称这项研究不仅能够阻止肺癌的发生，还能"治愈"已有的肺癌。在这种情况下，研究人员就有责任对其成果进行正确的传播。

如果将科学视为一种人类实践活动，那么，科学的表征客观性必须有科学共同体的共识机制才能落实为现实的科学的客观性，这种现实的科学的客观性就是科学的共识客观性。

共识客观性及其实现机制

谈到客观性，人们往往会联想到常识的客观性：我们拥有一个共同的世界，最终应该能够使得各种关于这个世界的真理断言相互协调并达成一致。但科学的客观性并没有这么简单。科学的对象非但不是常识世界中有目共睹的确切的实体，而且还在不断地运用新的概念、术语、符号和图示刻画和创造出新的研究对象，对其认识的精度和深度取决于研究者可以获得的认识资源和工具。从科学哲学的历史主义到科学知识社会学的后实证主义思想，最重要的遗产就是对科学的客观性的重新认识，即在科学实践中，不仅要坚持表征客观性——作为结论的科学反映客观实在并成为真理，要寻求有效的客观性必须通过科学的社会过程方能实现。对此，波普尔指出，科学的客观性即科学方法的主体间性：科学的客观性与科学方法的社会性有着密切的联系，科学和科学的客观性不是也不可能是凭一个学者想要它"客观"就能实现，而要靠许多学者掺杂着友谊与敌意的合作才能实现。[1] 波兰尼强调，科学上没有纯粹的事实，科学事实是被科学公断承认为如此这般之事，这种承认以一些支持它的迹象为根据，也因为就现有的关于某事物的性质的科学观念而言，

---

1 ［法］皮埃尔·布尔迪厄：《科学之科学与反观性》，陈圣生、涂释文、梁亚红译，广西师范大学出版社，2006 年，第 140 页。

它似乎具有足够的可信度。[1]布尔迪厄则用场域对此进行了阐述："客观性是科学场中各主体之间的一种产物，由于它建立在这个场域中共有的前提之下，因此可以认定它是该场域中各种认知主题协商一致的结果。"[2]

正是科学的社会本质使其所寻求的客观性从表征客观性转换为共识客观性——建立在交互主体的主体间性和交往理性之上的客观性，科学的客观性因此既是科学共同体的科学方法准则，也成为其科学活动中的道德准则。从科学的社会过程来看，科学研究中的科学论断与其说是关于某个科学事实为真的断言，不如说是其内容可以被科学共同体当作真的断言：如果我们理性地考量关于 p 可证明为真的主张，我们必须假定，在现有的方法和知识条件下，我们的论证能证明其在理性对话中具有最大的包容性和严格性。[3]也就是说，一个科学论断的客观性和真理性具有假定性、可错性和开放性，它们得到认可的过程是一个认识的生效过程，是一个在科学共同体中实现合法化的过程——不仅涉及主客体关系，还涉及主体间的关系和主体之间在某个客体上形成的种种关系，并通过证实、交流、评价、协商、妥协和一致化等程序得以展开。[4]故从科学在科学共同体中的社会化的角度来看，普遍主义、共有主义、无私利性、有条理的怀疑主义和原创性等默顿规范并非自动自发的产物，而是在科学交流、评价、协商等充满竞争与合作的认识合法化过程中形成的。尽管默顿认为科学领域的竞争压力可能导致鼓励人们以不正当手段压倒对手，布尔迪厄却强调了

1 [英]迈克尔·波兰尼：《科学、信仰与社会》，王靖华译，南京大学出版社，2004年，第187页。

2 [法]皮埃尔·布尔迪厄：《科学之科学与反观性》，陈圣生、涂释文、梁亚红译，广西师范大学出版社，2006年，第140页。

3 William Rehg. Cogent Science in Context: the Science War, Argumentation Theory, and Habermas. M. The MIT Press, Cambridge, Massachusetts. 2009, p119.

4 [法]皮埃尔·布尔迪厄：《科学之科学与反观性》，陈圣生、涂释文、梁亚红译，广西师范大学出版社，2006年，第122页。

竞争的净化功能："某一场域的研究者实际上每一个都处于同行的其他研究者特别是竞争对手的监督控制之中，这种监督检查的效果要比单独的个人道德感或所有的义务论更为强大。"[1]

不论是作为科学的方法准则还是道德准则，科学的客观性或共识客观性都是通过科学共同体成员践行的，而他们的行为往往是交往行为与策略行为的复合。所谓交往行为和策略行为，是哈贝马斯对人们的社会行为和互动模式的一种区分。交往行为指人们通过共识协调行动的具有社会整合意义的行为，策略行为指行为者不通过共识而直接对行为环境和其他行为者施加影响的行为。[2] 从概念上来讲，科学共同体建立在对一套明确的原则（如默顿规范）的普遍接受之上，交往行为是其得以整合与运行的基础。波兰尼对此进行了理想化的描述：每当科学家听取自己的良心和个人信仰得出某个结论，他就以自己的方式完成了对科学主旨和科学生活秩序的型塑，或许这些结论会与同行发生分歧，但他们都相信科学公断体系可以对此作出评判。正因为人人追寻科学理想，依从自己的科学良心而谨慎从事，科学家才会承认由个体结论合成的科学公断的正确性。对科学之热爱、创新之冲动和献身科学标准之愿望——这三者是科学新人将自己寄托给科学的前提。[3]

然而，科学家不仅仅追寻真理，还在意其在科学界的声誉和专业成就，希望其研究能力和成果得到认可——这种个体的竞争性意愿就是获取科学信用。无疑，获取科学信用是科学家从事科学探索的内在动力之一，很多科学家即便在追求真理的同时也希望获取更多的科学信用。对于科学共同体而言，好的科学信用机制有助于将个人意愿和

---

1 ［法］皮埃尔·布尔迪厄：《科学之科学与反观性》，陈圣生、涂释文、梁亚红译，广西师范大学出版社，2006年，第82页。

2 ［德］哈贝马斯：《后形而上学思想》，曹卫东、付德根译，译林出版社，2001年，第59页。

3 ［英］迈克尔·波兰尼：《科学、信仰与社会》，王靖华译，南京大学出版社，2004年，第67～69页。

追求转换为共同体有效的合作，进而使科学成为一种可持续的社会建制。对科学信用的寻求既是一种交往行为也是一种策略行为。在优先权的争论、科学界的分层和马太效应、知识的公开与保密等涉及科学信用的问题中，实际上找不到划分符合共同体利益的交往行为和个人利益优先的策略行为的明确分际。例如，在知识公开或保密这个问题上，一些科学家为了获得更大的科学信用往往在不同的阶段采取不同的策略，以实现其信用获取最大化。实际上，"暂时保密"很可能是科学发现的必要环节——一种必要的策略行为。

可靠的科学与实践的明智

第二次世界大战以后，从"冷战"到国际高科技产业化竞争与经济全球化，大多数科学活动不再是少数人基于兴趣的自由探索，而是社会建制化的研究与开发（R&D），科研职位、学术地位、论文发表、奖励以及科研经费与资源的获取都充满了竞争性，政府、企业、大学、基金会等科学共同体外部的利益相关者（stakeholder）对科学研究的内容与方向具有决定性的影响力。这一时代背景的变迁给科学道德和伦理研究带来了三个方面的问题。首先是研究伦理（特别是医学研究伦理），它是在对第二次世界大战时期的纳粹人体试验和原子武器的反思基础上发展起来的，主要涉及对人类主体和动物权利的保护、增进客观性等；其次是学术道德，自 20 世纪 70 年代以来，各国开始重视科研诚信问题，力图治理抄袭、剽窃和伪造数据等科学不端行为；最后是生命伦理、信息伦理以及高科技伦理，主要涉及对科技革命带来的社会伦理问题的回应。与此同时，在科学共同体内部，各种科学家和工程师团体开始制定和完善专业伦理法典以及相关教育机制，研究机构和大学也纷纷拟定研究政策。

在这些新的研究和实践中，科学研究不再被无条件地视为毫无利益偏好的公益行为，增进公众福利这一道德准则开始明确地成为研究伦理和各种科学家与工程师的专业伦理的基本原则。而且增进公众福利的内涵不只是物质和生活上的满足与享受，实际上还包括精神上的尊重和对科技引起的人与人之间的关系变化的调节。著名的医学伦理四原则——尊重自主原则、行善原则、不伤害原则和正义原则就体现了这一点。环境和生态伦理强调的科技共同体对未来和环境的责任也可以视为此原则的外推。但是，这些研究和实践依然未能摆脱事实与价值二分的框架，很容易将科学道德和伦理问题化约为一般性的价值观和伦理问题。真正值得思考的是，如何从科学出发，通过对事实与价值的整体考量，使确保客观性与增进公众福利成为内置于科学实践的道德准则。为此，以下三个方面的问题值得进一步思考。

其一，寻求可靠的科学。科学的社会本质决定了科学共同体应该在共识客观性的基础上提供可靠的知识。所谓可靠的知识，并不是一种绝对的符合真理式的知识，而是指在现有的知识和能力限度内可探寻的、值得信赖或负责任的知识。科学研究和科学知识的可靠性（reliability）是一个能够将确保科学的客观性和增进公众福利这两个基本的科学道德准则连接起来的概念。可靠性遵循的是"必须顾及自己行为的可能后果"[1]的责任伦理，而不只是仅恪守信念不顾后果的信念伦理。在共识的客观性框架下，科学共同体成员需要认真思考的是自己或他人所提供的知识的可靠性和可靠程度，追问由此可能导致的对后续基于共识客观性的知识以及相关公众的利益的影响，再从科学可能提供的不可靠的知识和产品的可能的后果反观如何提升科学的可靠性。

其二，追问科学的意义。科学在本质上是一种人类探究活动，科学的旨趣在于寻求有意义的科学知识。科学探究是在人的目的引导下进行的，这种目的性不一定像社会建构论者主张的那样，指向具体的价值和利益，而更恰当的理解是，人们总是在探究他们认为有意义的知识。恰如当代科学哲学家基切尔（Philip Kitcher）所言——科学追求有意义的真理。由此引申出一个耐人寻味的问题是，何谓意义？

1 ［德］马克斯·韦伯：《学术与政治》，生活·读书·新知三联书店，1998年，第107页。

一方面，在不同的时代、文化和社会条件下，科学家对其探究赋予了不同的意义。牛顿自认为他对自然秩序的发现是为了呈现上帝的力量；中国古代的天文之所以发达，旨在观天象以察人事，这些意义决定了科学家做什么和不做什么，决定了科学家可能关注进而探究哪些科学事实和问题，也决定了哪些科学事实和问题可能被忽视。只有通过对科学的意义的追问，我们才能将共识的客观性从一种抽象的客观性还原为鲜活的有价值取向的共识的客观性，进而将共识共同体的范围从科学内部拓展到社会公众，通过科学共同体内部自省力量和社会运动、市民社会和共同行动等外部压力机制，追问科学的意义、目标和方向，寻求更加民主、更符合公众利益的科学。

其三，诉诸实践的智慧。科学是一种充满抉择与权衡的实践活动，既有不可退让的原则也需要因时因事地妥协、折中等中庸之道，这就是所谓的实践的明智。科学实际上是一种建立在共识的客观性之上的人工物，它是可错的和不完善的。科学家在已知和未知的边缘展开科学探究，科学发现并不是记录事实那么简单，而是一些很微妙的过程：在共识没有形成之前，数据处理上的瑕疵不一定就是造"假"；在现象获得共识性确认之前，现象与对现象可观测的信念难以区分。密立根删去"不好"的数据的做法，究竟是研究直觉使然还是有违科学道德似乎并无定论，类似的公案也只能通过对实践情境的考察才能找到评判的线索。剽窃研究思想之类的纠纷也往往容易变成公案。另一个最困难的问题是知识的共有与知识产权的冲突，这也是没有标准答案的问题，但是我们从开放源代码的自由软件运动、基因研究和生物多样性研究中的开源模式及其实践中应该可以得到良多启发。其中最重要的一点是，如果要将道德原则运用于实践，必须对科学实践本身进行改造，通过折中和权变而使其具有可行性。

在科学实践中，很多道德抉择与伦理冲突（如新兴科技的社会后果等）往往十分复杂，无法仅仅诉诸以道德准则，而只能从具体的案例出发，首先确定案例中那些人们在道德上可接受或不可接受的行为，并揭示出其中隐含的道德原则，然后通过对新案例的分析比较，将类似的案例和行为纳入各类范式之中进行分析和评判。这种基于实践的决疑术不仅可以丰富与发展原有道德原则与伦理价值的内涵，还有可能从不断呈现的科技伦理问题中发掘出新的道德原则与价值诉求。

特别是在高新科技快速变迁的过程中，可能会引发科技与社会伦理价值间的震撼性冲突，问题导向的科技伦理体系一般不会对此作出宗教裁判式的判决，而是在实践层面引入一种参与式的高新科技的"伦理软着陆"[1]机制来寻求情境中的解决方案。首先，社会公众对高新科技所涉及的伦理价值问题进行广泛、深入、具体的讨论，使支持方、反对方和持审慎态度者的立场及其前提充分地展现在公众面前，并通过层层深入的讨论和磋商，对高新科技在伦理上可接受的条件形成一定程度的共识；其次，科技工作者和管理决策者，尽可能客观、公正、负责任地向公众揭示高新科技的潜在风险，并且自觉地用伦理价值规范及其伦理精神制约其研究活动。

面对高新科技所带来的种种伦理困境与道德抉择，并没有什么先验的信念框架可以应付自如。一般而言，"我们怎么办？"似乎逻辑地取决于"我们知晓什么？"，但科技伦理问题恰恰是在我们一无所知或所知甚少的领域向我们发出挑战。要应对这一挑战，不论是专家、管理者还是公众，首先要像苏格拉底那样承认自己的"无知"，意识到即便是科学共同体也无法单独驾驭科技的巨大力量及其难以预见的不确定性与风险。然后，再运用人类独有的批判与自由的思考，并借助实质性的民主和参与程序，尽力提升这种反思的质量。其基本策略是，将波普尔的批判理性主义与罗尔斯"无知之幕"相结合：承认普遍的和无差别的信息权利（兼具自然权利和积极权利双重意涵），消除信息壁垒，增进信息传播；通过广泛的对话协商，促进批判性的反思；推动学科际整合，加强不同知识之间的互动。

---

1 段伟文：《技术的价值负载与伦理反思》，载《自然辩证法研究》，2000年第8期。

四、科技伦理的反思模式与规范性原则

自 20 世纪中叶以来，科技的价值与伦理问题备受关注，科技伦理成为应用伦理学的重要研究领域。随着科技的不断发展，科学不端行为、工程师的责任以及高科技的伦理抉择等层面的问题层出不穷，科技伦理反思的展开与规范的建立成为科技实践不可或缺的内在环节。

科技伦理反思的基本模式

科技伦理反思是一种面向科技实践的问题导向的伦理考量。在科技政策层面，科技伦理反思的主要作用是揭示伦理困境中涉及的价值伦理问题并寻求改进之道。如布丁格（Thomas F. Budinger）等提出的应对新兴技术（emerging technologies）伦理困境的 4A 策略就体现了这一思路：①把握事实（acquire facts）：具体准确地把握新的科技伦理问题中所涉及的特定的科学事实及其价值伦理内涵，分析其中涌现出的伦理冲突的实质，以此作为进一步研究的依据与出发点；②寻求替代（alternatives）：在把握科学事实与伦理冲突的实质的基础上，寻求克服、限制和缓冲特定伦理问题的替代性科学研究与技术应用方案；③进行评估（assessment）：在尊重科学事实和廓清伦理冲突的基础上，通过跨学科研究与对话对替代性的科研与应用方案进行评估与选择；④动态行动（action）：在评估与选择的基础上采取相应的行动，并根据科技发展进行动态调整。[1]

从科技伦理理论层面来看，科技伦理反思的展开与伦理论证模式密切相关。由于科技伦理反思以问题为导向，其伦理论证模式不再完全是从本体论出发的线性递推（如从本体论到"伦理理论"再到"伦理原则"最后推出"行为规范"），它们或诉诸一定的理论与原则，或寻求经验性的依据与立场，由此形成了自上而下、自下而上、中层原则和建构论等基本论证模式。从解决实际问题的效果来看，它们都是尝试性的，模式之间既相互竞争又互为补充。

自上而下的模式

自上而下（top-down）的模式又称为理论应用模式，即从抽象的伦理理论或核心价值出发，辨析、反思和回应具体的科技伦理问题。自近代以来，出现了很多相对成熟的伦理理论，现代社会也已经形成了一些具有普遍性的核心价值，它们都可以为科技伦理的分析和论证提供依据。但这些理论既无绝对的自明性和完满性（所谓"上"、"下"之分亦非必然），也未必能适用于层出不穷的科技伦理问题。一则是因为这些普遍性的理论往往比较抽象，面对具体的问题可能出现概念厘清的困难，甚至出现逻辑上的矛盾，例如，不同的理论赞成某一行为但理由各异，同一个理论可能对同类行为作出相反评价；二则是因为理论的选择必然受到运用者偏好的影响，遇到不同的理论对问题的看法不一，可能会越辩越不明。

中层原则模式

中层原则又称为原则主义，即直接从若干中层的伦理原则或基本伦理价值出发，进行伦理分析和道德抉择。生命伦理四原则即为典型的中层原则，研究伦理和工程伦理的伦理章程亦由中层原则构成。主张中层原则者认为，伦理理论太抽象，难以应对复杂的伦理两难问题，

---

1 T. F. Budinger and M. D. Budinger, Ethics of Emerging Technologies: Scientific Facts and Moral Challenges, John Wiley & Sons, 2006, pp3-5.

而自主、不伤害等中层原则既接近普通道德规范，也能获得抽象的伦理理论或核心价值的支持。同类科技伦理问题一般会选择一套显见（prima facie）的中层原则。而且，中层原则需要与案例紧密结合。例如，在研究伦理和工程伦理中，中层原则往往通过案例不断拓展其内涵。

由于伦理理论可大致分为义务论和非义务论（如后果论等）两大类，中层原则的选择也可以分为两步[1]。第一步，通过义务论的分析，寻找一些可运用于某类科技活动的显见原则。为了使所选取的原则具有显见性，一般的论证方法并非直接诉诸经验，而是借助诸如罗尔斯的"无知之幕"之类的抽象推演——显见的原则是假想理性主体在完全不了解其所处情形与态势时选取的原则。第二步，在科技活动的特定情境中，综合运用义务论与非义务论对第一步所选取的原则进行排序。为此，要分析相冲突的原则涉及的义务与后果，以确定其权重。在此过程中，应坚持普遍性与一致性，即若某人在某情形下作出某种选择，则他在类似情况中也应如此选择。同时，原则的排序和取舍必须审慎对待，应考虑是否有利于道德目标的实现、是否确实无法兼顾相互冲突的原则、最低程度地违背显见原则所造成的影响等[2]。当然，不易找到适用于所有情况的排序。

自下而上的模式

典型的自下而上（bottom-up）的模式是基于案例的决疑术（casuistry）：从具体的案例出发，首先确定案例中伦理上可接受或不可接受的行为，并揭示出其中隐含的伦理原则，然后通过对新案例的分析比较，将类似的案例和行为纳入各类范式之中进行伦理分析和评判[3]。决

1 K. Shrader-Frechette, Ethics of Scientific Research, Lanham, MD: Rowman & Littlefield,1994, pp46-48.

2 K. Shrader-Frechette, Ethics of Scientific Research, Lanham, MD: Rowman & Littlefield, 1994, p48.

3 S. Loue, Textbook of Research Ethics: Theory and Practice, Springer, 2000, pp45-46.

疑术类似于判例法，原则发生于具体的案例之中，并在类似的新案例中获得开放的应用空间。在科技伦理中，决疑术有助于处理复杂的专业伦理问题，如从重大工程灾难案例中可以深化对责任问题的探讨。同时，在新兴高技术研发及其社会运用中，决疑术对新伦理问题的归类认定、分析和应对皆有所助益，不仅可以丰富与发展原有伦理原则与伦理价值的内涵，还有可能从中发掘出新的伦理原则与伦理价值。

建构论的模式

建构论的模式又称为情境论模式。在当代科学与技术研究（特别是科学与技术的社会研究）中，建构论已成为超越默顿科学社会学范式的主流范式，并与存在主义哲学、社会批判理论和后现代理论相呼应。建构论的模式主张，科技伦理论证应基于对相关利益群体的利益、权力关系和由此形成的社会结构的理解，而这种理解又取决于更深层次的价值观念和伦理立场。例如，在讨论生殖技术时，女性主义者不会抽象地讨论胚胎、生命权利、自主等问题，而会关注那些不得不怀孕或接受人工生殖技术的女性及其抉择背后的社会权力关系。进一步而言，建构论倾向于基于权利的伦理，希望以不同主体的权利制衡现代性知识权力结构。

科技伦理的规范性原则

在科技伦理的诸论证模式中，运用最为广泛的是中层原则模式，科技伦理的规范性原则一般属于中层原则。这些原则的基本功能是，促使科技工作者履行其社会责任和道德义务，并以此不断赢得公众对科学的支持。当代科技伦理学家瑞斯尼克（David B. Resnik）指出，科学的伦理行为，不应侵害一般的道德标准，并应促进科学目标之达成。为此，他提出了诚实、审慎、公开性、自由、信用、教育、社会责任、合法、机会、相互尊重、效率与尊重主体等十二项科学伦理行为标准。[1]

---

[1] D. B. 瑞斯尼克：《科学伦理的思索》，何画瑰译，台北韦伯文化公司，2003年，第 63～88 页。

在这些显见的中层原则的启发下，可以尝试性地建立一种科技伦理的规范性原则体系，并将其分为科学研究的基本伦理原则与科技活动的实践性伦理原则两个方面。

科学研究的基本伦理原则

科学研究作为一种人类实践，必须与人的目的相一致，与人类文明的核心价值和发展目标相契合，并应该受到一些基本伦理原则的制约和引导。科学研究的基本伦理原则，是指那些能直接显示科技活动应有的基本价值取向的伦理原则，主要包括尊重与无害原则、客观性与公益性原则。

尊重与无害原则

尊重原则指科学研究必须尊重人的尊严、自由意志和隐私等基本权利；无害原则指科学研究不得对个人、社会、环境和未来世代造成严重和不可逆的伤害。尊重与无害是内在统一的。尊重与无害，既涉及对主体的尊重与保护，也涉及主体间的相互尊重。强的尊重与无害原则认为，在没有知情同意的情况下，此原则首先无条件地适用于个体。同时，对主体的尊重与无害也可能在不同程度上拓展到动物、生命与生态。尊重原则与无害原则是预防性的基本伦理原则，一旦科学研究严重违反了这两个原则，就有可能闯入伦理禁区。纵观原子武器、人体试验、克隆技术、纳米技术和神经科学研究中的伦理问题，尊重与无害既是科学家与伦理学家反思的焦点，也为整个社会所广泛关注。

客观性与公益性原则

客观性与公益性原则强调，科研应坚持客观性原则，优先增进公共福祉。客观性原则指科学研究成果的取得、发布和运用都应该是客观的和无偏见的。客观性不仅涉及知识上的客观性，还意味着伦理上的客观性。不论是在对客观世界的反映的意义上诠释客观性，还是在科学共同体的社会性共识的意义上寻求客观性，最终目的不仅在于以科技增进知识，更在于以知识和行动增进公共福祉，乃至推动人类社会的和平、进步与发展。客观性与公益性原则是倡导性的基本伦理原则，是科学研究活动在现代社会获得合法性的现实依据。

科技活动的实践性伦理原则

科技活动的实践性伦理原则，是指从上述科学研究的基本伦理原则出发，在科技实践中形成的若干具有规范性的伦理原则。它们包括：诚实与守信、责任与审慎、公正与关怀、自由与机会、共享与传播、自主与授权等。

诚实原则与守信原则

诚实原则是指科技工作者应该坚持科学研究的客观性，杜绝蓄意的捏造、作假和对研究成果的曲解；守信原则是指在科学共同体内部，科技工作者应该通过公平的竞争和成果与荣誉的合理分享积累学术信用，同时，科技工作者应该成为可信与可靠的项目承担人、代理人和受托人。显然，诚实原则与守信原则的适用范围应该超越科学共同体、资助者和委托人等，进一步拓展至整个社会并接受时间的考验。在科技实践中诚实与不诚实、信用与背信往往涉及复杂的情境，还涉及良知等难以确证的因素。

责任原则与审慎原则

责任原则是指面对具有高度不确定性的巨大科技力量、专业分工所赋予科技工作者的特殊责任，他们应该凭借其专业知识、能力与权力，尽可能更主动地检视其行为可能导致的后果并对其负责。践行责任原则必然涉及角色、能力和因果行为。对于科学家和工程师来说，尽管他们的科技专业能力可能相对较强，但对科技的力量并不完全了解。科技工作者在对其行为能力及其行动的因果关联难以完全掌握的情况下，要对其故意行为和失察的过失行为负伦理责任甚至法律责任。同时，还需要运用实践的智慧在可预见和可控制的行为后果的短期责任和长期的无限责任之间寻求现实的平衡点。[1] 因此，科技工作者应该进一步遵循审慎原则，即致力于克服偏见、自欺、浮躁（如过早地发布成果）、疏忽与鲁莽，尽量减少科技的误用与滥用，以规避风险与寻求更大的安全性。科技与工程上的失败与灾难是反思责任原则与审慎原则的经验性切入点。必须对失败和灾难进行公开和深入的检讨，从案例中体会责任与审慎的深刻内涵：一方面，促进对研究方案和技术设计的精细改进和流程再造；另一方面，从各个层面审视所有可能的危害与福祉。在此过程中，民主程序和公共参与都必不可少。

公正原则与关怀原则

公正原则主张科技工作者、科研机构和政府应该致力于知识的公平生产、传播和使用；关怀原则主张在科技发展中，应该对处于相对不利地位者予以补偿性的关照。一般来说，我们可以把公正狭义地理解为分配公正，它是指社会利益和社会负担的合理分配。对于科技发展来讲，成本、风险与效益的合理分配日益成为科技伦理抉择的重要方面。同时，由于知识与信息是理解科技过程的关键性因素，因此，不同阶层在知识素养和理解新知识的能力方面的差异、知识与信息传播中的不均衡等问题，如知识鸿沟、数字鸿沟等，已经成为人们关注的热点。1999 年世界科学大会所发布的《科学和利用科学知识宣言》指出，国家、地区、社会群体以及男女之间结构上的不平衡，导致其受惠于科学的情况的不均衡，科学知识已经成为生产财富的关键因素，其分布变得越来越不公平，贫者与富者的差别不仅在于财富差异，还在于他们大多被排斥在科学知识的创造和分享之外。[2] 为此，应该强调两个方面：其一是科学研究中利益分配的公正，其二是知识和信息分配的公正，前者是显见的，后者则是实现实质性公正的保障。

---

1 ［法］P. 利科：《论公正》，程春明译，法律出版社，2007 年，第 38 ～ 39 页。
2 世界科学大会：《科学和利用科学知识宣言》，1999 年。

自由原则与机会原则

自由原则即科学研究中的学术自由原则，主张科技工作者应该自由地进行学术探索；机会原则即科学研究中的机会均等原则，主张科技工作者在获取科学资源与学术地位时应受到公平对待。无疑，这两条原则是学术共同体得以存在的前提，也是科学能够发展的保障。在现实中，它们可能受到利益和权力的干扰与扭曲，情况严重时会导致急功近利，产生学风浮躁、不端行为乃至学术腐败，不仅造成社会资源的巨大浪费，还必然加大科学研究的风险，甚至酿成不可逆的重大灾难。自由原则与机会原则的落实取决于科学共同体内外的信息公开与透明，更有赖于学术讨论和民主对话机制的建立健全。

共享原则与传播原则

共享原则主张在公有主义和知识产权保护之间寻找中间道路。其基本理念是：一方面，科技应该是一种在所有人相互合作的基础上使人类共同受益的事业；另一方面，需要通过信息的分享以共同面对科技潜在的巨大风险。由此可推出传播原则：一方面，应该根据知识的公平生产、传播和使用重新考虑知识产权保护的范围、程度和行使；另一方面，尽可能地促使有关新发明和新技术的所有潜在用途和后果的信息能够自由地传播，以便用适当的方式就伦理问题展开讨论，并以公正的程序处理不同意见和对待持不同意见者。有一种模糊的认识是，公众缺乏理解信息的能力，负面信息的传播会带来公众的非理性反应，掌控信息并建立信息壁垒有利于把握局势。但事实表明，过高的信息壁垒不仅无助于应对当代科技风险，还可能付出极高的社会代价。

自主原则与授权原则

自主原则主张，行为主体无疑具有自主和自我决定的理性能力，并可以根据自己对最值得过的生活的认知决定自己的命运。由于主体要发挥这样的能力有赖于首先把握和理解相关信息，而科技多涉及较复杂的专业知识，因此知情同意权变得尤为重要而复杂。显然，在科技活动中，知情同意权并不可能完全以消极权利的形式获得，而必须由科技工作者主动付出努力，将其变成一般公众的积极权利才能有效地实现。近代以来，科技成为一种日益扩张的力量或权力，在与神权和王权的斗争中成为世俗权利的依据，不断带来更多的权利赋予或授权（empowerment）。授权原则主张，随着科技的发展，每个人都有享受科技带来的福祉的权利。这就要求科技活动具有更大的包容性，并不断赋予公众更多参与、监督和受益的权利。由此，一些消极权利随着科技进步而可能演变为积极权利，如信息通信技术的发展促进公众的信息权利（information rights）从消极权利上升为积极权利。

第七章 技术化科学的社会建构

如果将科学视为人类有限的知行体系，并以技术化科学界定当代科学的主色调，科学与技术的社会建构无疑最为具体地反映了其在社会、历史、文化脉络中被接受和型塑的过程。建构论的科学知识社会学及由其理论发展出的技术的社会建构理论对于消解标准科学观和技术决定论起到了关键性的作用。通过科学技术的社会建构论分析，我们可以看到，要理解作为人化物的科学和技术中的各种争论及创新的稳定化机制，必须将其置于社会、历史、文化情境之中，方能把握其丰富杂多的具体性的生成机制、理解其中复杂多向的异质性实践，进而在科技与社会相互建构、混存共生的无缝之网中，领略各种利益相关者和能动者的实践的冲撞中所蕴含的局域的偶然性与必然性。

一、技术的社会建构方法

美国社会学家平奇和荷兰社会学家比克，开创了技术的社会建构方法。他们在平等地对待科学与技术的口号下，将科学知识社会学中的相对主义经验纲领（EPOR）移植于技术的社会研究中，形成了当代技术社会学的一种重要研究方法——技术的社会建构方法（SCOT）。SCOT 的研究重点是技术发明个案，比克等人利用技术的社会建构方法将技术人工产品置于其发生的微观社会情境中加以探究，向人们展示了技术产品的社会建构性。

多向模式和相关社会群体

在技术的社会建构方法中，技术人工产品的发展进程被描述为可更替和选择的变化过程。这种描述及其所使用的技术发展的多向模式，与技术创新研究和传统技术史研究中采用的单向线性模型形成了鲜明对照。多向模式是社会建构主义者的基本出发点之一，当然它可以像在传统技术史中那样被约化为单向（线性）模式，但约简后仅剩下技术发展的"成功"阶段的单向（线性）模式对技术的社会研究来讲是远远不够精致的。

平奇和比克以自行车的早期发展史为案例，展示了技术发展的多向性及发展方向的转向和定型机制。[1] 在传统的技术史中，普通自行车

---

1 W.E.Bijker,T.P.Hughes,and T.J.Pinch(ed.), The Social Construction of Technological System: New Direction in the Sociology and History of Technology, Cambridge: MIT Press, 1987, pp26-50.

的发展历史被描述为一个准线性过程，平奇和比克则给出了与线性
模式迥异的自行车早期发展的多向模式。这个模式的提出必然伴生
另外一个问题：为什么有的技术产品最终销声匿迹，而其他的一些
产品却得以继续发展？这就涉及技术发展过程中所面临的各种选择
及其结果。在早期自行车发展史案例中，平奇和比克用相关社会群体、
问题和方案等概念解释了技术人造物的多向模式的成因。

　　相关社会群体是一个核心概念，特指那些与某项技术或技术产品
相关的部门、机构以及有组织和无组织的人群。由于技术与技术产品
对不同的相关社会群体有着不同的意涵，每一个群体将对技术及技术
产品提出各种问题，因此，这些问题涉及对技术与技术产品需要改进
的方面或需要增加的功能等各类要求。正是这些要求开启了相关的社
会群体对技术的建构活动。各个社会群体所提出的不同问题必然会形
成一个有关技术发展目标的争论，而与这些问题相关的各异的解决方
案及方案的物化结果则将进一步导致手段上的争论和新的一轮建构活
动。在彭尼·法森（Penny Farthing）自行车的案例中，妇女、老人、
旅行者都提出了安全问题，针对这一问题有安装刹车、将坐板后移、
使前叉后倾、降低前轮等方案，结果产生了劳森式（Lawson's）自
行车和"超常"（xtraordinaty）自行车。

解释的灵活性与争论的中止

　　相关社会群体等概念的引入，使对技术及技术产品形成中的各种
"选择"的研究的精细程度大为增加，平奇和比克认为，这一问题类似
于科学知识产生过程中的"争论"问题。他们将对科学争论进行经验
研究的相对主义经验纲领（EPOR）牵移到对技术选择的经验研究领域
（实际上，相关社会群体所反映的就是 EPOR 纲领中的"参与争论的群
体"），确立了技术的社会建构（SCOT）方法的三个具体阶段。[1]

---

1 W.E.Bijker, T.P.Hughes, and T.J.Pinch(ed.), The Social Construction of Technological
System: New Direction in the Sociology and History of Technology, Cambridge: MIT
Press, 1987, pp28-40.

EPOR 的第一阶段强调科学发现具有解释灵活性，即其目的在于说明科学家可能对自然有不同的理解，且他们之间的意义分歧并不能仅由自然因素作出判决，必须诉诸社会文化因素对其作出解释。与此相对应，SCOT 第一阶段的目标是显示出技术及技术产品的解释灵活性，说明技术产品是由社会文化建构和解释的。由于作为核心概念的相关社会群体涉及技术产品的设计、生产、销售、使用、更替等技术发展的各个过程，不同的社会群体在具体的情境下会提出各种不同的问题和相应的解决方案，因此，这些实际上构成了不同社会群体对同一技术及技术产品的各异的解释。通过解释的灵活性，SCOT 强调了主体在技术或技术产品发展过程中的作用。社会建构论者深入技术史的微观社会层次，放弃了传统技术史所采用的追溯式重构方法，以一些典型的多方向发展的技术为案例，向人们展示了不同于"科学形成技术"和"技术形成技术"等观点的新的技术观：技术是特定历史情境中那些能够提出技术存在的问题、影响解决方案的所谓"相关社会群体"所建构的产物。

EPOR 第二个阶段涉及科学争论的中止机制，在 SCOT 中，第二个阶段则是关于技术产品的定型（技术争论的中止）机制。在平奇和比克看来，一种技术产品，尤其是定型的产品的出现并不是技术内在逻辑的必然结果，而是由产生、选择和使其稳定化的微观社会机制所决定的。对于稳定化和争论中止机制，他们着重讨论了"修辞学争论中止"和"重新定义问题达到争论中止"两种机制。

"修辞学争论中止"是指技术产品的许多问题可以通过"修辞学活动"使其"消失"。这种问题的"消失"并不是使原有问题不存在（社会建构论者往往并不关心客观上的存在，他们认为存在与否是每个人的看法而已），而其关键在于相关的社会群体是否"认为"问题已得到解决。既然问题是否"消失"已从一个客观性问题转化为主观上的认识，那么，这种主观认识的内容必然会受到社会交往活动的影响。现代广告正是将观念的传播强度提高到极致的一种"修辞学活动"。

在早期自行车案例中，针对高轮自行车的所谓"安全问题"，厂商在广告中使用了"绝对安全"之类的"保证"来终止这一争论，其中有一则关于"便捷"（facile）自行车的广告词是："骑自行车的人们，为什么要冒险去骑那些高自行车呢？当你骑上40寸或42寸的"便捷"时，你不仅能享有别的车种所拥有的优点，还能保证绝对安全！"在这则广告中，高和低（40寸或42寸在我们今天看来则是太高了），安全或不安全只是一种修辞。而许多技术产品之所以能替代以往的有问题的产品，除了技术上的改良以外，在很大程度上取决于厂家能否说服相关的社会群体，使他们认为问题已经"消失"。以目前流行的方便食品为例，"绝对不含化学防腐剂"之类的字样实际上就是一种修辞学活动。"修辞学的争论中止"向我们所揭示的关键点是，技术产品的定型，不是技术上日臻完美的结果，而是一个社会认同的过程。

重新定义问题达到争论中止，则体现了技术争论在动态变动中的选择机制。这一点在充气轮胎这一技术方案的实施中有明显的体现。前面我们已经提到，被一些工程师赋予防震功能的充气轮胎，在大多数工程师看来在理论和实践上都是离奇的，一般的大众则认为它是一种难看的附加物。从更细微的角度来看，充气轮胎所涉及的振动问题在自行车运动爱好者等高轮自行车用户那里不存在，而是潜在的赞同者——低轮自行车用户则认为这一方案不安全（易侧滑），倾向于在车的框架、坐垫和龙头等部位加装弹簧解决振动问题，因此，"用于解决振动问题的充气轮胎"在起初是很不成功的。邓洛普（Dunlop）等人推出充气轮胎赛车时，受到了嘲笑和冷遇。然而，在一场自行车赛中，当骑低轮充气轮胎赛车的选手远远超过其他高轮自行车选手时，人们的兴趣立即集中于车速，高轮自行车及低轮自行车的相关社会群体对关于充气轮胎的争论达成了一致。但是，共识的基础不是其倡导者的初衷（防震），而是对充气轮胎的一种新的定义——"能使车速加快的充气轮胎"。

这种"重新定义问题达到争论中止"的机制表明，解释的灵活性不仅意味着解释因人而异，还指解释的主要内容与关注的方面将随时间和情境的变化而变化，因而有关方案的争论可能会由于问题意涵本身的转换而十分偶然地达成一致。这也说明，技术发展中的争论中止机制灵活多变，不完全受技术的某种内在逻辑的制约。

EPOR 第三阶段是关于在广泛的社会文化背景中，使争论趋于中止的机制，平奇和比克认为，在科学知识社会学中，这一阶段尚待发展；在 SCOT 中，其第三阶段的解释目标是展示技术产品的意义与广泛的社会文化环境之间的联系。在第一阶段中已指出，相关的社会群体的解释决定了技术的意义；第三阶段的重点则是强调相关社会群体的社会文化和政治地位确定了他们的价值观念和评判标准，进而影响其对技术及技术产品所赋予的意义。

技术框架、关联性和发明的分类

SCOT 第三阶段的主要目标是对相关社会群体的解释活动本身进行分析，即某一相关社会群体为什么对一具体的技术赋予某种特定的意义而不是别的。有关这方面的前期工作是在库恩范式概念的启发下进行的。康斯坦特（E. Constant）等人认为工程师共同体也将范式作为其工作出发点，在其研究领域中，他们拥有被认为成功的范例和解难方案，同时还共有一整套的信仰、价值观和技艺。休斯的"技术风格"、康斯坦特的"技术传统"、多希（Dosi）的"技术范式"等相似尝试的共同之处是他们仅将工程师共同体作为研究对象，这不符合 SCOT 须对所有的社会群体进行深入研究的要求。比克为了突破这一局限性，引入了技术框架和关联性两个适用于所有社会群体的概念，分析了酚醛热固塑料的发明进程中的社会建构活动。

"技术框架"由目标、流行的理论、解题策略与方案、经验程序、工程实践、实际操作和使用等要素组成。由于技术的社会建构主义者不对不同类型的社会群体作任何预先的划分，故赋予"技术框架"较宽泛的定义，使之亦适用于非工程师群体。当然，针对不同群体的特点，所涉及要素有所侧重。比克认为："技术框架应理解为相对于技术的框架，而不是相对于技术专家的框架。"这一点正是"技术框架"较"技术范式"等概念在理论上的最大突破。

"技术框架"与其他概念的另一个不同之处是，它强调了所谓行动者或操作子（actor）（人的或非人的）之间的相互作用。技术框架不是从属于个人、系统或机构的某种特性，更不是外在的某种技术发展的自然轨道，而是一种由行动者之间相互作用所建构，反过来又制约行动者间进一步相互作用的存在于行动者之间的框架。由此，以下三点值得我们注意：其一，由于行动者包含了人和非人两方面的因素（异质性），技术框架这一概念因而已超越了社会决定论或认知（技术）决定论，在技术框架内，产品范例与文化价值、目标与科学理论、试验方案与不言而喻的知识是同时共存的。其二，技术框架中所蕴含的技术的中心问题及解难策略等为相互作用的社会群体提供了一种解读技术的"语法"，正是这种"语法"的存在，使相互作用的社会群体得以共享某一技术的特定解释；反过来，社会群体（行动者）之间的相互作用又是导致技术框架兴起和衰亡的重要原因。其三，这种相互作用模式，一方面，意味着社会环境建构了技术的设计过程；另一方面，又表明既存的技术建构了社会环境。因此，建立在相互作用模式之上的技术框架这一概念，在很大程度上减小了技术与社会之网中技术与社会之间的"缝隙"（seams of the web）

显然，技术框架的形成过程是技术稳定化的重要表现，但是，由于对相互作用的强调，技术框架又始终是动态可变的。为了进一步分析这一问题，比克引入了一个新的概念——"关联性（inclusion）"。关联性意指参与技术的社会建构的各个行动者与某一技术框架之间的相关联性。利用这一概念，比克指出，技术框架对社会群体（行动者或操作子）间的相互作用的反"建构"是不完全的：其一，不同的行动者与某一技术框架的关联性程度的强弱（关联性）不同；其二，同一行动者可能同时与多个技术框架相关联。关联度上的差异使技术框架这一概念在偶然与必然、自由意志与强制性观念之间获得了某种维持平衡的张力。

比克用"技术框架"和"关联性"两个概念分析了酚醛塑料的发展历程。首先，沿着 SCOT 的纲领，展示了有关酚醛塑料的解释的灵活性。在传统的技术史中，这种合成树脂由德国人阿尔道夫·贝耶尔（Adolf·Baeyer）于 1872 年首次合成，随后开始了产业进程。但是，通过对原始资料的分析，比克指出事情没有这么简单。真实的情况是，虽然贝耶尔在开发苯酚染料时观察到了乙醛和苯酚间的凝聚反应，但他将反应所产生的树脂类物质看成是一种难以分析的潜在的染料，甚或是一种讨厌的副产品；同时代的另一位叫阿祖·米切尔（Arthar Michael）的化学家也研究了苯酚甲醛树脂，而他的主要兴趣在于通过对这种人工合成树脂的研究进一步揭示天然树脂结构，故米切尔的解释是，苯酚甲醛树脂是一种研究天然树脂的工具。在后来的 30 年中，苯酚和醛类间的凝聚反应一直未能被解释为有生产合成塑料的前景，因此，技术史家将酚醛塑料的发明追溯至 1872 年是不准确的，那时凝聚反应及其产物并未被赋予任何与酚醛塑料有关的含义。如果说贝耶尔和米切尔能发现这一点是因为他们根本就不关心塑料，那么，当时研究人工合成塑料的化工研究者为何看不到这一有前途的产品诞生的可能性呢？实际上，他们也曾研究过醛类和苯酚间的凝聚反应，但他们为什么未能开发出用途广泛的酚醛塑料呢？

比克认为问题出在当时有关赛璐珞的技术框架上。赛璐珞这种人工合成塑料在 19 世纪末取得商业上的巨大成功，但由于它有易燃、怕高温和价格昂贵（需要樟脑作原料）等缺点，因而未能得到广泛的应用。大多数化工专家关注与寻找赛璐珞的代替品，他们主要被有关赛璐珞的技术框架联结起来了。首次，他们的研究目标是寻到一种与赛璐珞类似的替代产品（以赛璐珞作为范例）；其次，他们与开发赛璐珞的研究者相似，对精致的化学理论分析和反应细节不感兴趣；其三，由于在有关赛璐珞的专利诉讼中，获得物质的可溶解性是判断是否发明赛璐珞的关键步骤，所以受赛璐珞框架制约的化工专家致力于获得能充分溶解的塑料。由于他们将合成塑料定义为类似于赛璐珞的可溶性塑料，因而在研究凝聚反应的产物时，他们的策略是使其变成软化可溶的物质。在这种框架下，自然就无法得到胶体状不可溶的酚醛树脂塑料了。

那么赛璐珞框架是如何被超越？酚醛塑料又是如何被制造出来的呢？由上述可知，与赛璐珞框架的关联性强的研究群体是无法发明与其相去甚远的酚醛塑料的。成功开发出酚醛塑料的贝克兰德（Backland）虽与赛璐珞有一定的关联性，但相比之下他与另一个技术框架——电化学技术框架的关联性更强。当他无法使凝聚反应的产物变得更可溶时，他开始转向电化学技术框架，对反应中的各种物质进行了深入和系统的研究。在研究中，他采取了加压和加热等与赛璐珞框架完全不同的解难方法，使凝聚反应成为三个可控的阶段，并能在第一、第二阶段结束时使之暂停。在最后一个阶段，他用模型浇铸的方法使酚醛树脂受热定型，获得了酚醛热固塑料。

在传统的塑料发展史中，贝克兰德于1907年获得了酚醛塑料的专利，酚醛塑料的发明得以完成。但技术社会建构主义者则认为这只是后继的有关酚醛塑料的建构活动的开始。起初，贝克兰德只想通过出售专利权获利而未打算介入酚醛塑料制造业。但是，他很快发现自己陷入了无休止地向他人传授化学细节的境地。原因在于，从事塑料制造业的社会群体与赛璐珞框架的强关联性阻碍了他们转化为与酚醛塑料相关的社会群体的进程，赛璐珞框架中的技艺与酚醛塑料制造中所使用的技艺几乎没有联系。贝克兰德只好亲自召募那些未从事过塑料制造业、与赛璐珞框架关联性弱的群体进行酚醛塑料的生产。

随着酚醛塑料这一产品的稳定化和制造群体的形成以及相关技术设备和工艺的成熟，酚醛塑料框架也开始构建起来。通过一系列的竞争，美国、德国等也相继出现了规模较大的制造公司，各种酚醛塑料制品不断涌现，特别是新兴的汽车制造业和无线电制造业成为酚醛塑料的相关群体（酚醛塑料具有绝缘、耐高温等优点，成为汽车制造业和无线电制造业的材料之一）后，众多的社会群体使酚醛塑料终于在20世纪30年代末获得相当高的稳定度，达到了它"最终的可能形式"，与矿物、植物、动物并列为四大基本材料，有关它的社会建构步入稳定发展阶段。

二、技术与社会的无缝之网

在 SCOT 中，平齐和比克为了反对技术以其内在逻辑发展之类的技术决定论的观点，将技术置于社会情境中进行了考察，并用相关社会群体及其解释的灵活性阐示了技术发展的多向模式（非技术决定论的）及技术争论的中止机制。随着这种情境决定论的发展，研究者在注意到社会对技术的建构作用的同时，开始关注技术与社会的相互作用，并且将研究的焦点从单个的发明进程或著名发明家的活动转向一些大型技术体系的整体演进。技术史家休斯在有关电力系统的发展的研究中发现，由于相互作用的存在，科学、技术、社会等范畴的划分是相对的，在实际情况中，各要素密不可分，构成了一张无缝之网。他指出，在大发明家爱迪生的工作笔记中，那些通常被贴上"科学"、"技术"、"经济"等标签的因素往往被加以整合性考虑。这表明，按以往的习惯所划分的狭义的"技术"有碍于我们理解技术的实质，必须在考虑各种要素相互作用的前提下，寻找一种新的研究方法。

休斯将其新方法称为技术系统方法，这种方法将研究对象从狭义的技术拓展为各类因素交织的技术系统。技术系统由物质性人造物、组织和机构、书刊及教育、研究计划、法律、规章、制度以及发明家、工程师、管理者、投资者、工人等相互作用的组分组成。技术系统是一个相互作用的整体，当一个组分发生改变或消失时，系统内的其他组分将发生相应改变。在界定技术系统的组分时，是否存在相互作用是关键。

技术系统方法突破了对系统内在因素的传统的划分，系统与环境的区分变得更加灵活。对于技术系统来讲，环境通常由那些不受系统管理者控制而难以驾驭的要素组成。依据这一标准，一些社会因素被划为系统内的组分，而一些技术因素则可能成为系统的环境。例如，技术组织和机构是系统建造者的制造物，应视为系统的组分；又如，对于电力系统来讲，化石燃料这一技术因素难以控制，应被视为环境部分。由此可见，系统管理者的目标之一是使尽可能多的环境部分成为系统的组分，理想的控制状态是没有环境的封闭系统。

在对技术系统的各个演化阶段的描述中，休斯放弃了科学家、技术专家、企业家、金融家等对系统建造者的传统称谓。他指出："在发明和开发阶段，发明—企业家（invention- entrepreneurs）解决了关键性问题；在创新及竞争和成长时期，管理—企业家（manager-entrepreneurs）起了决定性作用；在巩固和合理化阶段，金融—企业家（financier-entrepreneurs）和咨询工程师（consulting engineers）（尤其是具有政治影响者）左右着关键问题的解决。"[1] 显然，休斯所表达的主要思想是，技术系统的建造者所面临的是整合性的任务而非独单某种专业性工作，他将系统的建造者简称为"企业家"。

发明、开发和创新

休斯对大技术系统的研究主要基于对 19 世纪末和 20 世纪初开始发现的一些大型技术系统的案例分析。由于他所强调的是新技术系统的形成，故他讨论发明阶段时重点为较激进的发明。19 世纪末和 20 世纪初时，独立的职业发明家是激进型发明的主导力量。他认

---

1 Wiebe E. Bijker, Thomas P. Hughes, and Trevor J. Pinch (ed.). The Social construction of technological systems : new directions in the sociology and history of technology.p57.

为独立的发明家由于不受政府或企业的实验室等研究机构的制约，能比较自由地按自己的意愿广泛地选择问题和解决方案。独立的职业发明家则是独立发明家中取得巨大商业成功者，爱迪生、贝尔（Alexander Graham Bell）是这类发明家的典型。独立于已有技术系统的发明家对开创新的技术系统做出过重大贡献，电灯、电话、电视、微型个人计算机（苹果电脑）等发明都可以看作是独立性发明的结果。但休斯显然忽视了还有许多发明为系统内的研究人员首创，再有的则是有计划地研究中的副产品，当然休斯的局限性与他以 19 世纪末和 20 世纪初的案例作基础有很大关系。

在发明阶段，社会因素已开始作用于发明家，独立于体系外的发明家除了有极强的技术创造力外，为争取经费和维系生存，他还必须有一定的社会能力，因此，休斯称商业上成功的职业发明家为发明—企业家是不无道理的。

进入开发阶段后，技术的社会建构特征更加明显。在这一阶段，发明—企业家必须综合考虑物质技术、经济、政治及其他保证发明得以发展的因素。爱迪生在设计某照明系统时不得不分析汽灯的价格；1880 年前后，变压器的发明者高纳德（Lucien Gaulard）和吉布斯（John Gibbs）在设计输出电压时曾参照英国 1882 年的《电路照明法案》；怀特兄弟也仔细地研究过飞行员的心理和生理。在开发阶段，发明—企业家仍在为解决一些新涌现出的问题而不断地引入新的发明，使技术系统的各个组分更为完善，各组分之间达至和谐。通过开发常会产生一些发明专利，一系列的相关专利有时可能发展为复杂的技术系统。

长期以来，传统的科技史专家关注于工程师与科学家之间的关系以及技术与科学的关系之类的问题。在休斯看来，依据技术系统这一概念，这些传统区分的界限倾向于消隐。以曼哈顿工程的负责人康普顿为例，他既是科学家、工程师，又是管理者和社会活动家，很难将他划归于固定的一类。休斯的这一思想主要强调了技术系统的建构是一项综合性的工作，从某种程度上已经超越了我们通常所讲的科学技术化、技术科学化等说法，虽然有人会指出他对现代科技高度分化的一面的忽视，但不论怎样分化，作为一个系统的主要建构者，全面把握和综合统筹的功能都是必需的。

接下来是创新阶段。在这一阶段，工程师、工业科学家和其他发明者在前两个阶段的基础上努力将系统发展为集生产、销售、服务于一体的复杂的技术系统。通过技术创新，发明以产品的形态出现，同时，与之相应的生产过程体系（原料供应、生产流程、组织管理体制等）、市场服务机制也得以建立。体系的建构者通过一系列扩张性努力，使系统扩大，环境缩小，即使其具有更强的控制系统的能力。随着技术创新的发生，技术系统不断扩张，管理—企业家逐渐替代发明—企业家而成为技术系统的主要操纵者，发明—企业家则将解决技术系统发展中的一些难题作为其首要工作。[1]

技术转移和技术风格

技术转移可能发生在技术系统演化史的任一时期。由于一个技术系统产生并适应于特定的时空环境，因此，将其移植别处时必须考虑适应性问题。以变压器的移植为例，在将其从英国移植到匈牙利、美国等地时，曾充分地考虑到当地的法规和市场等因素，当然地理及其他社会因素也在考虑之列。在一个技术系统发生转移时，不仅涉及物质层面，组织和制度等组分也是转移成败的关键。

为了进一步揭示技术转移，休斯提出了技术风格这一概念。技术风格是技术系统在形成或转移过程中适应环境的结果，他还表明技术系统的建造者像艺术家和建筑师一样从事着一种创造性工作。他认为技术风格与技术的社会建构思想是相呼应的，因为技术风格

---

1 Wiebe E. Bijker, Thomas P. Hughes, and Trevor J. Pinch (ed.). The Social construction of technological systems : new directions in the sociology and history of technology. pp56-66.

表明"制造发电机时没有一种最佳的方案，就如同不存在圣女像的最好画法一样"。[1] 休斯列举了十月革命后苏联的技术风格，20世纪20年代伦敦、巴黎、柏林、芝加哥的供电系统各异的风格，密西西比河和哈得森河上汽船的差异，美、苏太空船的不同等实例，来说明政治、经济、自然、地区和民族的历史经验等各种因素对技术风格的形成的作用。

成长、竞争和巩固

在现代工业国家，电力、通信、武器、汽车等技术系统不断地拓展为庞大的技术系统。这些资本密集型的产业之所以不断扩张，休斯认为其驱使力量是对高度多样化、增大负荷以及效益良好的混合经营的追求。高度多样化是指提供多样化的产品和服务，它显然是一个技术系统在市场竞争中的一种必要举措。"负荷"一词本源于电力系统，意指某段时间内的平均最大输出量，但如今也在通信等领域广为使用，对于一些资本密集型的产业来讲，负荷的扩大就意味着收益的倍增。混合经营则是技术系统扩张时的一种功能互补。20世纪20年代，德国鲁尔地区的一家电力公司不断扩展，一直延伸至阿尔卑斯山南部。这时公司拥有两类发电源，一类是成本较高的平原煤电，另一类是廉价的山区的水电，该公司将二者巧妙地混合起来，用前者供应价格较高的高峰期，用后者供应非高峰期，通过这种地域性扩张和混合，使系统及其组分获得了最大的效益。

随着系统的扩张，必然会出现一些阻滞系统发展的问题。休斯将这些问题称为退却突出部（reverse salients）。突出部本意指几何形体、军事战线和气象锋面的突出（滞后）部分，"退却突出部"原为军事术语，指战线中最为薄弱的不平滑部分。对于技术系统而言，

---

1 Wiebe E. Bijker, Thomas P. Hughes, and Trevor J. Pinch(ed.) The Social construction of technological systems: new directions in the sociology and history of technology. p68.

退却突出部指那些滞后的或与其他组分不协调的组分。随着技术系统的发展，退却突出部也随之发展和变化。由于这一隐喻强调了动态的非平衡性及复杂性变化，休斯认为它较"瓶颈"之类的概念更贴切实用。退却突出部可能是物质技术部分，如英国产业革命时期纺纱与织布技术之间的不协调；也可能是组织管理形式上的落后；还可能是财政支持和合法性等方面的问题。系统的建构者发现了退却突出部的存在后，就会设法将其消除。用于消除退却突出部的活动是一些保守性的发明（显然此处的发明不是单纯的技术意义上的），其参与者包括发明家、工程师、管理者、金融家、司法专家等各类解难者。其中，20 世纪初涌现出的工业研究实验室尤其擅长保守性发明，贝尔实验室和通用电器公司实验室分别为电话技术的改进和电流照明技术的发展做出了重大贡献。

然而，并不是所有的退却突出部都可能被消除。当保守性发明无济于事时，问题只能得到激进式的解决，结果必然导致一个新的、竞争性的系统的出现。1880 年左右，爱迪生及其他发展直流电力系统的支持者由于无法实现高压输出，只好坐视另一派发明者和工程师以激进的发明消除这一退却突出部，开创了交流电力系统。1890年前后，交流电、直流电力系统之争达到白热化，结果由于两系统间转换和联结设备的发明，二者都保存了下来。虽然竞争的结果不一定是新旧更替，但一旦走出竞争这一"反常时期"，技术系统的标准化将随之实现，技术系统也因此进入巩固阶段。

技术系统的巩固发展并不意味着技术的自主发展。为了说明这一问题，休斯借用了一个物理名词——动量，将技术系统的发展类比为一种惯性运动。技术系统的动量由大量的物质产品、组织机构等系统组分（相当于质量）和系统目标、发展方向、增长率（相当于速度）两类参量共同确定。从系统建构者的层面来讲，一个大型技术系统的兴起取决于与系统有利益关联的公司企业、政府与企业研究机构、专业学会、教育机构等各种组织和发明家、工程师、科学家、管理者、投资人、金融家、公务员、政治家等各类人员。因此，技术系统的动量涉及既得利益、固定资产及投入资本等复杂因素，是单纯的技术因素与其广泛的社会文化背景相互作用的产物。换而言之，技术系统的动力并非由单一的技术逻辑所决定，具有巨大动量的技术系统给人们造成的技术本身自主发展的印象，是对技术系统的动量的误读。休斯用英国电力系统等案例阐述了社会因素对技术系统发展的影响，以驳斥技术自主论和技术决定论。他指出，第一次世界大战前，由于英国政治价值观中重视地方权力，反映在电力系统上便是小型电力系统的风行。后来，第一次世界大战的暴发以及英国工业整体优势的丧失，改变了英国长期保有的政治和经济价值观，战争期间议会削弱了地方的权威，电力系统也随之相互联结为负荷系数较高、更节约能源的大型系统。[1]

1 W.E. Bijker, Thomas P. Hughes, and Trevor J. Pinch (ed.) The Social construction of technological systems: new directions in the sociology and history of technology. pp69-80.

三、行动者网络中的技术化科学

休斯的技术系统方法强调技术系统的建构者在系统建构过程中对技术和社会因素的考虑始终是整合性的，在他们眼中，技术与社会相互交织，构成了一张无缝之网。法国社会学家卡隆（Michel Callon）、拉图尔（Bruno Latour）和劳（John Law）等人沿着与此类似的思路提出了一种更为精致的微观技术社会学方法——行动者网络（Actor-Network）方法，将技术化科学纳入一种异质性的实践网络中，以分析其动力机制与发展模式。

工程师社会学家

技术的社会建构主义研究的一个中心问题是，在拒斥传统的技术社会学研究中对科学、技术、社会等领域的严格区分的同时，寻找一种替代性的微观技术社会学方法。显然，对这一方法的寻找离不开对具体的技术实践的细微的案例分析，比克、平奇、休斯等人的成果便是对早期自行车发展、酚醛塑料的发明、电力系统的建构等个案深入阐发的结果。卡隆所选择的案例是法国电动汽车（electric vehicle, VEL）的创新历程。与其他研究者的最大不同是，他明确地提出了所谓工程师—社会学家的概念。如果仍沿着传统的分析范畴，我们可以这样说明这一称谓的含义，即一位成功的工程师不仅是一位纯粹的技术的巫师，也是一位经济的、政治的和社会的巫师，一位典型的优秀技术专家是一位"异质的工程师"。这一概念与异质性要素是相呼应的，它们从各自的角度反映出技术与社会的无缝之网的特性。他认为，从事技术创新的工程师和技术的其他建构者在建构技术，尤其是从事激进型创新的过程中必然会对技术进行整合性分析，而且这种分析是否精当直接影响到创新的成败，因此他称技术系统的建构者为工程师—社会学家。卡隆指出，通过对工程师—社会学家和普通社会学家所使用研究方法的比较，我们可以得到一些有益的结论。[1]

卡隆思想的独特之处在于，他摆正了普通社会学家与从事技术开发的工程师—社会学家、一般的社会学理论与工程师的整合性分析实践之间的关系。就宏观社会学研究而言，科学、技术、社会之类的划分或许有助于人们对 STS 研究的总体把握，但在涉及具体的技术发展个例时，先入为主地用科学、技术、社会之类的大范畴分析其社会过程则是没有必然依据的。换而言之，在微观技术社会学研究领域中，真正精致的方法应来自工程师—社会学家的整合性分析实践，事实表明，这些分析实践的精细性是无法由传统的技术社会学分析达成的。

让我们来看看法国电动汽车的创新历程。20 世纪 70 年代初，法国电气公司（EDF）的工程师开始致力于 VEL 的开发。由于这是一项激进的创新，工程师之所以启动这项计划，除了预计到一些技术难题将被克服外，还基于他们认为法国的社会结构将发生急剧演化。他们的计划出自对技术与社会因素的整合性考虑。一方面，EDF 的工程师预计，随着电化学电池技术的发展，改良后的铅蓄电池可以用在公共交通工具上，如果能开发出廉价的安全催化剂并使 VEL 达到 90 千米／时的速度，蓄电的燃料电池还可能在私人汽车领域开辟广阔市场；另一方面，针对已广泛占领市场的传统私人小汽车，他们认为，法国的社会危机和反潮流运动将带来一个后工业化社会，招致能源危机、

---

1 W. E. Bijker, Thomas P. Hughes, and Trevor J. Pinch.(ed.)The Social construction of technological systems: new directions in the sociology and history of technology. pp83-87.

空气及噪声污染的私人小汽车作为工业化消费社会的象征会遭到人们的唾弃，而致力于改善城市环境的后工业化社会的新兴群体将选择电动汽车这一公共交通工具，并试图以此消除工业化社会以消费方式区分人群的社会分层现象。

通过这种整合性考虑，在EDF工程师的预言没有遇到挑战时，以雷诺（Renault）为首的汽车公司保持了沉默，此外，石油危机使汽车的运行费用更加昂贵。然而，VEL的这种顺境很快由于发展中出现的所谓退却突出部（EDF所开发出的廉价催化剂会迅速产生污染并导致燃料电池失效）无法消除而发生的逆转。在VEL计划受到重挫的情况下，雷诺公司的工程师对电化学动力方案的前景提出了挑战。他们为VEL描绘了一幅暗淡的图画：EDF无法制造出廉价高效且无污染的蓄电池；VEL的发展将与实力强大的国际石油财团的利益相冲突；人们对传统汽车工业的暂时和局部性的不满（如动力不足、公共交通状况差）还远未达到引起社会结构失衡的程度；通过改革，传统汽车公司将生产出污染轻、造价低、耗油少的小汽车，同时新型的性能良好和乘坐舒适的汽车将使城市交通得到改善；反潮流运动逐渐平息之后，反对汽车社会的呼声日趋减弱，人们将关注重新工业化（reindustrialization）而非后工业化（post-industrialization）……由此可见，雷诺公司的工程师—社会学家提出了一种与EDF公司的工程师—社会学家完全不相同的预言。

卡隆认为，针对这两种不同的预言，社会学家的工作不是比较其对错，因为事实将给出最好的评判。社会学家的任务在于，通过分析技术或者技术的建构者—工程师—社会学家的整合性分析方法，找到一种精致的微观技术社会学研究方法。

行动者网络

卡隆等人将工程师—社会学家的整合性方法加以分析和总结，称之为行动者网络方法。

由此我们可以看到，EDF 和雷诺的工程师—社会学家对技术的构想是一个由异质性（heterogeneous）要素混合和联接而成的网络，而且这些异质性要素的性质及其间的相互作用具有或然性。例如，在有关 VEL 的网络中，电化学过程、电池、社会运动、企业、政府、消费者等异质性要素被连接到一处。显然网络建构的成败取决于这些异质性要素的连接的稳定性和长期性，而这些要素能否紧密相连，又与要素的性质的稳定性相关。在工程师—社会学家的技术构想中，要素的性质是被赋予的，就像导演给演员（actor）安排角色一样，这种赋予恰当与否将从根本上影响到整个构想的准确性。

为了描述这种异质性连接及网络的变化和稳定机制，卡隆引入了行动者网络方法。[1] 我们先来看行动者（actor）。行动者本意为参与者，在此对应着构成网络的异质性要素，在理解行动者这一概念时，有三点值得注意：①卡隆等人之所以使用这一概念指称构成网络的异质性要素，是想以此尽量避免对要素进行传统的严格划分，行动者类似于休斯技术系统方法中的组分（components），是对异质性要素的统称。②行动者的意涵已超出其原有的参与者的含义，既包括人行动者（human-actors），又包括非人行动者（nonhuman-actors），卡隆和拉图尔认为依据对称性原则，应该平等地对待人和非人行动者，他们强调非人行动者对人的介入具有反抗性；显然，非人行动者不同于基础主义和技术决定论所描述的被动的客体，而与前现代万物有灵论中具有似人特征（如神性、力量、意志）的物质相近。③行动者的性质与行动者之间的关系随时可能发生改变（重新定义），并可能伴随旧的行动者的消隐和新行动者的突显，这一点便使行动者构成的网络具有了动态流变性。

接下来，我们透视一下工程师—社会学家定义和选择行动者的机

1 W. E. Bijker, Thomas P. Hughes, and Trevor J. Pinch.(ed.)The Social construction of technological systems : new directions in the sociology and history of technology. pp92-106.

制。卡隆将其概括为简化（simplification）和并列（juxtaposition）：①简化是构想一个异质性网络的首要步骤，在定义行动者的性质时，必须进行抽象和简化，将复杂的要素还原为一些简化的性质。在 EDF 的工程师—社会学家的设想中，市议会被简化为不惜一切代价维护城市环境的权力机构，消费者被简化为逐渐乐于使用性能较传统小汽车差的 VEL 作公共交通工具的后工业化社会的支持者，蓄电池被简化为将出现的廉价的安全动力源……然而，简化并不能保证对行动者性质的准确把握。一方面，这由行动者的复杂性造成，例如，市会议代表性差且权力有限，公共交通仅是消费者关注的一个方面等；另一方面，由行动者性质随时间的变化引起，如廉价的蓄电池被证明具有污染性，人们对后工业化社会兴趣的衰减等。因此，简化可能会忽视行动者的一些重要的性质，必须对其进行不断检验。②某一行动者被简化后所得到的性质只有处于其他行动者的性质所并列而成的情境之中时才有意义。在 EDF 的工程师—社会学家的构想中，燃料电池为 VEL 生产车身的雷诺公司，以及不再将小汽车作为地位象征的消费者等行动者的性质并列为一个整体，将其中任一行动者移去都将使网络结构发生变化。行动者的稳固性、协同性和行动者间的关系结构都是通过并列形成的，也就是说，并列定义了工程师建构活动的操作环境。这种并列关系，规定了各个行动者对网络的贡献，同时也昭示了网络建构的稳固性。此外，并列过程中显示出的行动者间的关系结构是多样的，如交换关系（如消费者用金钱购买 VEL）、从属关系（为 EDF 工作的公司）、权力关系（EDF 使雷诺屈从）、主导关系等。在很多情况下，两个行动者之间的关系不止一种，例如，燃料电池与电动引擎间的关系无法仅用电流与电磁力加以解释。因此，不仅行动者是异质性的要素，而且行动者之间关系也是异质性的。

由上述可知，行动者网络实际上是网络之网络，各个行动者本身即为一个子网络，而行动者的性质是对子网络加以简化的结果，因此，一个行动者是网络的持久性不仅由行动者间的关系的持久性决定，还取决于各个子网络的稳定性（从系统论的角度来看，行动者网络相当于一个多层次系统）。换而言之，行动者之间的关系和子网络内部的变化将会使整个行动者网络发生变化。当某个子网络瓦解时，其所对应的行动者的性质便会改变，例如，原料涨价、替代性催化剂造成污染等因素会使"廉价、高效、无污染的蓄电池"化为子虚乌有，蓄电池被重新简化为昂贵、低效和易污染的动力源。而且，通过行动者网络的演化，雷诺公司的工程师—社会学家对 VEL 所作的相反构想可以看作是对 EDF 的工程师所构想的行动者网络动态追踪的结果。

EDF 和雷诺公司的工程师—社会学家所使用的行动者网络方法，突破了传统的技术社会学研究所使用的概念和范畴，尽管行动者这一概念十分抽象，但这种来源于技术系统建构者的整合性分析方法显然有利于我们对技术进行更为全面的把握。

通过前面的分析，我们看到，行动者网络方法与技术系统方法有许多相似之处。它们都强调，技术系统的建构者始终将科学、技术和社会等因素融合在一起考虑，他们的构思如同一张技术与社会的无缝之网。因此，休斯给他们冠以"发明家—企业家""管理者—企业家"等复合称谓，卡隆称他们为"工程师—社会学家"，劳则称他们为"异质的工程师"。通过这些称谓，我们可以看到技术的建构者所欲构建的决非独立于社会的技术，而是技术与社会整体，是整个世界。

四、从社会技术整体论到纠缠模型

　　休斯、卡隆等当代技术社会学家在利用技术系统方法和行动者网络方法分析技术发展时，不再分别从社会、经济、政治、技术等方面进行考察，而是将影响技术的要素统称为组分或行动者，用这些异质性的行动者（组分）的异质性相互作用说明"技术与社会的无缝之网"的建构机制。行动者或相互作用的异质性一方面说明了技术的复杂性，另一方面也说明了用于宏观性研究的社会、技术等严格区分的范畴不再完全适用于技术的微观研究。在 SCOT 中将社会作为技术发展背景的比克，从技术与社会不可分割的观点出发提出了社会技术整体理论，并试图以此超越原有的范畴划分乃至技术社会学本身。[1] 此后，为了消除建构论的相对主义倾向，拉图尔进一步提出了纠缠模型这一新的异质整体论，将对技术化科学纳入到现代文明的整体脉络之中。

社会技术整体论

　　社会技术整体论的核心思想是：①技术与社会是一个相互建构的整体——社会技术（sociotechnical），我们应用社会技术整体（sociotechnical ensemble）这一新的分析单元取代原有的技术人造物和社会建制之类的分立范畴。②技术人造物和社会建制不再具有纯粹的意义，"机器"意指具有社会建构性的机器，"社会建制"则是具有

---

1 Wiebe E. Bijker and John Law (ed.) Shaping technology/ building society: studies in sociotechnical change. p1.

技术建构性的社会建制，因而"机器"和"社会建制"在新的语境下实为"社会技术整体"一词的简写。③社会不由技术决定，技术亦非社会决定，即社会与技术是共生的，二者不过是社会技术整体这一"硬币"的两面。社会技术整体论在形式和操作上是激进的，比克认为社会技术之类的范畴并不是必然的，我们应"挣脱这由日常语言所设置的常识陷阱"[1]，尽力避免使用"社会"和"技术"这两个范畴。但是，我们还应看到其出发点和目标实质上是中庸的，社会技术整体理论同时强调了技术的社会建构和社会的技术建构，使技术社会学从原来侧重于技术社会建构研究演化为对两个方面的同等重视，从而"走出"了技术社会学。

社会技术整体理论的调合性与其研究策略——"对称性原则"有关。对称性原则实为一种操作规则，即"平等地对待 A 与 B"，是社会学家在开拓一个新的研究领域时经常使用的一种"理由"。在有关科学与技术的社会学研究史上，对称性原则得到过多次运用：默顿因谋求科学与其他社会建制之间的对称性而倡导对科学体制的社会学研究；布鲁尔则要求对称地分析真的或伪的信念，并用同一类原因（社会的）对其作出解释；平奇和比克力争对称地对待技术人造物与科学知识，对技术也进行社会学阐示；休斯这着眼于技术与社会的对称性，将技术与社会视为一张无缝之网；卡隆和拉图尔则将对称性原则用于人或非人因素，强调在用行动者说明行动者网络的状态和变化时，应平权地对待人行动者和非人行动者。沿着对称性原则这一思路，比克提出了总体性对称原则：平等地对待技术的社会建构和社会的技术建构，并以社会技术整体作为新的分析单元。

作为一种微观的理论和研究方法，社会技术整体理论的调合性使其在理论和方法论意义上显得比较平庸和空洞。之所以会产生这种困境，是因为作为一种微观的技术社会学研究，在进行案例分析时，可

<hr>

1 Wiebe E. Bijker and John Law (ed.) Shaping technology/ building society: studies in sociotechnical change. p202.

以不采用或少采用技术、社会之类的宏观概念。整体论的思想只有与分析还原论并存方有其总体指导功能，分析范畴之不存，万物浑然一体，彼此莫辩，总体指导就难免蜕变为无的放矢了。

当然，这种"后建构主义"理论还是有一定的积极意义的。首先，由于它要求研究者不再拘泥于技术的社会建构论乃至技术的社会学领域，有助于技术的社会研究与其他领域，如技术的政治研究、技术的理论研究以及技术的社会后果研究的共同发展。其次，由于社会技术整体理论同时注重技术的社会建构和社会的技术建构，将使技术的社会建构论这一纯学术观点更容易运用于技术发展战略研究。例如，在有关技术转移的战略研究中，可利用技术建构和社会建构等事项对移植过程中的社会和技术因素作整合性分析，并制定出具有社会文化及技术总体适应性的新的技术及社会建构方案。

超越相对主义的纠缠模型

在科学与技术研究中，科学知识社会学和技术的社会建构论等主张将更多的情境因素纳入其中，试图更好地解释"为什么 A 实际上会以这种方式出现"。这种方法的整体论意味主要体现在层层递进的三个方面：①它通过引进更多的要素（如相关社会群体）使 A（科学知识、技术等）在一个要素网络整体中获得更大的解释的灵活性。②这些要素具有异质性，A 被置于社会、政治、心理、经济、技能、职责、偏见等与其不同质的要素网络之中，这使得 A 不再按照自身的惯性、动力和轨迹运行，不再仅仅陷入自我解释的循环，而获得了改变形态和方向的可能性。③与 A 相关的异质性要素整体中的互动与博弈过程得到了动态考察，这使得 A 的形态成为一个过程量，偶然性由此进入其中。

这种建构论的解释往往因为对不充分决定的强调而带有较明显的相对主义色彩。如技术建构论者比克（W. E. Bijker）和劳（J. Law）曾宣称，"它们有可能是别的样子：我们对技术的兴趣和关心的关键即在于此"。[1] 建构论的后续发展形态即所谓后 SSK，如行动者网络理论（ANT）和凸显科学实践的科学与技术研究，则在一定程度上克服了相对主义。这些理论汲取了新实用主义、实验哲学、新经验主义的科学哲学、技术现象学等相关研究的成果，将理论与实验、对象与工具视为不可分割的整体，科学与技术也因此被称为具有整体性的"技术化科学"（technoscience）。显然，"技术化科学"这个词的内涵不仅仅意味着庸常意义上的科学技术化或技术科学化，而是一种代号（token）——对其所在的整体的标志。在 ANT 看来，技术化科学的活动是构造更大的网络——一种由人和非人的行动者构成的异质性网络。

为了摆脱相对主义的困扰，后 SSK 的整体论策略从对不充分决定性地强调转向对现实稳定机制的关注。实验室研究将杜恒—蒯因论点涉及的确证整体的范围拓展到实验仪器，使理论与实验通过调整而获得彼此匹配和相互辩护，稳定的实验室科学由此得到解释。与这种凸显实践的唯物主义类似，ANT 倡导一种关系的唯物主义，以展示技术化科学如何对物质力量进行形式转换，如何构造人与非人的相互作用。尤为突出的是，行动者网络建构的产物不仅仅包括技术化科学，还涵盖包括社会群体在内的社会世界和物质世界，涉及的人和非人要素都以平权的关系术语加以对待。由于网络作为一个整体互相并置，要理解网络的成败，必须研究整个网络，这使得对技术化科学的"生态学"思考成为可能——技术人工物或科学事实的"生态位"是多维产物。[2]

在 ANT 的基础上，拉图尔认为，一旦放弃主客二分对主动性和被动性的分配，人—非人就不再是一种力量的较量，而是一方的主动性越多，另一方的主动性也越多。[3] 其结果是，在行动者网络

1 W.E. Bijker & J.Law（ed.）, Shaping Technology/ Building Society: Studies in Sociotechnical Change, MIT Press, p3.

2 ［加］瑟乔·西斯蒙多：《科学技术学导论》，许为民等译，上海世纪出版集团，2007 年，第 65 ～ 70 页。

3 ［法］布鲁诺·拉图尔：《事物的历史真实性——巴斯德之前的微生物在哪里？》，孟悦、罗钢主编：《物质文化读本》，北京大学出版社，2006 年，第 452 页。

中，越建构越真实。同时，拉图尔指出世界并未出现过现代性的主客二分，世界文明演进所遵循的并非进步史观而应是他主张的纠缠（entanglement）模型：随着文明的推移，是越来越多的纠缠而不是与日俱增的自由，世界上的各种事物从较少的纠缠发展到更大规模且更深入的纠缠，我们走向的世界是一个纳入了越来越多事物，并因而日渐增加多样性的集体。[1] 显然，这是一种具有超对称性的整体论的历史理论。

异质性网络和纠缠模型所反映的共同旨趣是希望打破既有的本质主义和基础主义意味的范畴划分的不满。在日常和理论话语中，科学、技术、经济、社会等范畴往往被赋予一个不变的本质，并被条分缕析地分割安置，结果这些范畴本身反而成了理解事实的障碍。异质性网络和纠缠模型的应对策略是，先搁置既有范畴的内涵，将它们作为一种代号放到一个整体中探讨其相互作用，使我们对它们的内涵获得整体建构性和整体生成性的理解。哈拉韦（D. Haraway）等后人类主义者所采用的也是类似的整体论策略，即通过打破界限使人与机器、人与动物相互混杂（hybrid）而实现奇异的新整合（cyborg）。

纵观后实证主义和新经验主义的科学哲学及科学与技术研究的发展过程，不难看到这实际上是一个不断地放宽研究视域，引入与科技相关的各种异质性要素，并考察它们之间的互动、整合和纠缠的过程。社会利益、相关群体、政治、价值、风险、创新乃至科技战略和公共政策都被纳入研究日程之中。这种广义的整体论策略使我们看到了很多以往没有看到的整体性内涵：与社会相关的技术，与金融共生的创新，科学所追求的是有价值、有意义的真理，后学院科学与公共参与的转向，等等。

---

1 [法]布鲁诺·拉图尔：《直线进步或交引缠绕：人类文明长程演化的两个模型》，吴嘉苓、傅大为、雷祥麟主编：《科技渴望社会》，群学出版有限公司，2004年，第79～105页。

第八章 技术化科学与存在的抉择

　　究竟什么样的科学是可接受的科学？我们最终应该选择什么样的科学？对这个被进一步强化了的问题的追问的注脚应该是人作为存在的自我反思。科学不仅仅意味着人以上帝之眼看世界，其思维秩序和行动方向都是由人控制世界的意愿所发生的。在理性主义和认知主义的绝对性和独断性被打破之后，技术开始成为当代哲学反思的一个重要主题。在有关技术与人的存在的反思中，人们逐渐认识到：技术乃人的本质，人与工具相伴而生，而作为人化物的科学亦本为"技术化科学"或"技科"，人生活在由技术化科学所重构的世界之中——人自身也因此成为不断变迁之中的人化物——"我要什么"或"我想成为什么"是人们必须面对的存在之惑。对这个难题的认识思考，是影响人类生存的现状与未来可能性的关键环节，也是我们反思什么样的科学是可接受的科学的最终基点。

一、技术：人的本质与伴生者

　　在当代语境中，"人的本质是什么？"在很大程度上不再是一个有意义的自然科学或社会科学问题，而只能归于哲学问题。纵观当代哲学，以探究本质为目标的主要进路是现象学等欧陆哲学传统。在《逻辑研究》第二版（1913）中，胡塞尔强调，现象学的独特考量在于，从本质的纯粹一般性中，对经验作直观性的掌握和分析，而非以经验的方式把它知觉为事实。故现象学的洞察旨在唤醒纯粹的表达，即透过基于本质概念和本质形式的描述，使本质直接从直观中彰显出来，而与其相关者则根植于此本质之中。在他看来，有关本质的陈述属于先验的陈述。三十多年后，梅洛－庞蒂在《知觉现象学》前言中再次明确指出："现象学是关于本质的研究，在现象学看来，一切问题都在于确定本质。"[1]

　　如果用现象学方法来反思人的本质，首先意味着要放弃所谓的自然态度而转向现象学态度或超越的态度。循此进路，对人的本质的反省，不在于寻求某种确然之真（the truth of correctness），而在于令显露或去蔽之真（the truth of disclosure）得以呈现，并能为直观所把握。故追问人的本质，不能由生物学和人类学所揭示的理论替代，亦不仅仅依据进化论等理论由"遗迹"所阐发的"事实"。

1［法］莫里斯·梅洛－庞蒂：《知觉现象学》，姜志辉译，商务印书馆，2001年，第1页。

在现象学态度下，应通过本质直观把握人的本质。而如何进行本质直观？根据索科罗斯基（R.Sokolowski）的解读[1]，现象学的本质直观是一种旨在把握事物本质的意向性。与其他意向性一样，事物本质的意向性是同一性的综合，并可大致分为典型（基于相似之处）、实证的普遍性和想象变异等三个意向性发展层次。从一般的层次递进的角度来看，典型和实证的普遍性是准备阶段，最终须通过想象变异才能获得本质直观——通过想象中的自由增减，把握一个事物不可或缺的特征。

对于"人"这种司空见惯的事物而言，本质直观的关键在于通过创造性的想象，超越非本质把握的俗谛，获得本质把握的真谛。人有哪些典型的相似性？人具有什么基于实证的普遍的特性？或通过想象变异，人可呈现出几许不可或缺的特征？答案显然不是唯一的，而获得答案的突破口实际上可能首先来自上述三个层次中的任意一个，然后追溯至其余。也就是说，如果坚持其答案是一种先验陈述——人具有某种不变的先验属性，任何关于"人的本质是 A"或"人是 B"的陈述都是可以在所谓本质直观的三个意向性层次上循环论证的。据此，有可能得出类似于"人的本质是理性"、"人是工具制造者"等各种似是而非的陈述。也就是说，对所谓人的先验本质的直观，却得出了诸多莫衷一是的答案。这一悖论与其说源于先验陈述固有的独断性，不如说由其对人的本体论误置所致——将先验属性赋予人，意味着人在本体论上被视为具有属性的对象化的事物或事态，被"定格"为静态的"存在者"。

如果不满足于静态的"定格"，就应该在本体论上赋予人以历史的维度，把人的存在视为事件性的存在，再加以本质的追问。鉴于我们都生活在有限的当下，因而难以通过直接体验对作为事件性存

---

1 ［美］罗伯·索科罗斯基：《现象学十四讲》，李维伦译，台北心灵工作坊，第256～259页。

在的人进行本质直观。而较之直接体验更有效的方法是发掘积淀在人类历史叙事深处的深层次人类体验，深入省思那些最重要且最为人们所关注的创造性想象——各种创世神话和关于未来的乌托邦与反乌托邦——透过对这些寓言式的创造性想象的二阶本质直观来反思人的本质。

在多种西方创世神话中，人皆为造物主或神所造，但对人的原初状态却有不同的设定，其中值得探究者有二。其一为原罪说。在一神论传统中，神是无限的，神创造世界万物，并以自己的形象制造出了完美的人，虽然人因其原罪而失乐园并终有一死，但还有可能通过信仰这种"补余"（"补余"与"补偿"的内涵接近，但较"补偿"所弥补者更多，类似于因祸得福）加以弥补，在神再次君临的世界末日获得拯救。其二为肉身缺陷说。在柏拉图转述的较旧约更早的创世传说中，造物主像木工制造桌子那样根据"型相"制造了人和万物，但却因具体操作的神的疏忽和遗忘——这一原初的有限性导致了人的原初缺陷："爱比米修斯之误—普罗米修斯盗火"——爱比米修斯因遗忘而未赋予人类必要的生存本领和装备，迫使普罗米修斯为人类盗来智慧、技艺和火种作为肉身缺陷之代具（prosthesis）。

在原罪说中，神的无限使人依附于神，人的本质仅仅只是对无限完美的神性的再现，人自身无异于被替代和遗忘。作为现代性基点的理性主义强调"人的本质是理性"，但其中所谓的理性实则源于神的理性——一种从无限出发的想象或对无限的信仰。在以信仰补余原罪的救赎寓言中，在场的人的有限被不在场的神之无限所遮蔽，人成为一种被完美地造就的存在——这是一种已经完成了存在，或者说是一种已经被设计好了终极救赎之道的存在。在此语境中，时间之于人只是一种在人获得天启时的突然的君临者，只是关于开端和终结的宿命式的安排。从人作为神之无限的见证者的意义上来看，"上帝以人类为前提就像人类以上帝为前提一样"。

再来看肉身缺陷说，人虽然不再具有原初的完美，但由神的遗忘造成的原初缺陷和补余，却使人获得了代具和发明的能力，并因此始终处于一种未完成的状态。在"爱比米修斯之误—普罗米修斯盗火"寓言中，人是未被赋予先天特长而依赖于代具的存在，技术因此成为人不可或缺的特征。正是技术开启的延伸性使人真正成为时间意义上的开放性的存在。在开端，技术意味着人与诸神（而不是唯一的神）的差异，其中最根本的悖论是：技术是诸神拥有的能力，但即便是诸神也并不能掌控技术的后果。在中途，技术使人看到人与人造物的差距和人造物之间的差异，由此导致了对技术的崇拜与技术的不断变迁。这难免令人浮想：技术是否会使人趋向"完美"的人造物而变成非人？基于技术的开放性演进的人类文明会不会戛然而止？不论答案或事实如何，通过这些想象变异可看到，人类的历史是作为外延过程的技术的历史，技术之于人，既是始作俑者，也可能是终结者。对此，斯蒂格勒指出，"存留于'人类'本质中的各种变异，其唯一的吻合便是'技术'本质，即虚构和（存在的）缺陷。"[1]这种缺陷是存在的缺陷或本质的缺陷，这种本体论意义上的缺陷为存在的生成提供了可以不断填补的虚空。它使人先天不足，但由此形成的势差又赋予人演进的可能性；它使技术——作为一种能力而非属性——成为"无本质"属性的人的本质，令人的属性处于变动不居之中。

在由肉身缺陷及其势差开启的演进与变动之中，技术与时间的起始相伴随，不仅使人发生和终结，也成为时钟的上发条者。两者如同双螺旋或莫比乌斯带一样，同时发端、演进和终了——共同作为人这种存在（或海德格尔式的存在）的双重本质。在此，时间之所以成为人的本质的一个维度，不仅仅因为历史的维度是不可或缺的参照轴线，而在于人可以通过它成为一种整体性的存在。对此，海德格尔指出："并不是时间存在，而是取道于时间生成它的存在。时间并不

---

1 ［法］贝尔纳·斯蒂格勒：《技术与时间：2.迷失方向》，赵和平、印螺译，译林出版社，2010年，第177页。

是在我们之外的某个处所生起的一种作为世界事件之框架的东西……毋宁说，时间就是那使得'在－已经－寓于某物－存在－之际－先行于－自身－存在'成为可能的东西，也就是使牵挂之存在成为可能的东西。"[1] 而更深层的问题在于，人何以取道时间而生成并不断重置其存在？可能的一种答案是，肉身缺陷以及作为补余的技术使人从一开始就作为人造物而存在并延续。

技术和时间作为人的本质意味着人从原初状态开始就与代具（prosthesis）结合在一起，而代具的运用不仅意味着人造物的谱系的出现，更进一步使得人自身成为人造物。这是一个人使自我及其所面向的对象走出原初自然状态的双向过程：一方面，是自我的非自然化或外化，自我只能根据其所具有乃至依附的对象界定自己；另一方面，是对象或客体从原初的存在向实际的人的活动场域中的手边之物的异化。

在此过程中，代具扮演着关键性的角色。何谓代具？代具并非通常意义上的义肢。斯蒂格勒指出，它既不取代任何东西——如替代某个先于它存在、而后又丧失的肌体器官，也并非对人体的简单延伸。在他看来，代具并非人的"手段"或"方法"，而是人的目的，代具的实质是加入，它构成"人类"的身体。[2] 从爱比米休斯之误这一寓言来看，代具的概念突显了技术人造物与人的肉身的固有缺陷的关联。而人的肉身的固有缺陷又是什么呢？实际上，人在其历史的开端所面临的情境并非类似于运动员站在起跑线上等待发令枪时找不到跑鞋的情境。"爱比米休斯之误—普罗米修斯盗火"的创世寓言所揭示的人的固有的肉身缺陷是一种抽象的缺陷，而不是某种具体的缺陷。人之所以有其开端，或者说人之所以成为历史的开创者，关键在于人开始或许是无意识，逐渐地发展到直觉乃至模糊地意识到其缺乏某种强大

---

1 [德] 海德格尔：《时间概念史导论》，欧东明译，商务印书馆，2009年，第447页。
2 [法] 贝尔纳·斯蒂格勒：《技术与时间：1. 爱比米休斯的过失》，裴程译，译林出版社，2000年，第179页。

的本能，转而主动诉诸外在的力量以实现其目标——在此，不论是力量或目标，都是一般意义上的。恰如拉图尔所言，人类从未曾"为自己或靠自己，而一直是靠他物和为他物（by other things and for other things）。"[1]

因此，所谓人作为人造物并非指人创造了自身，而是人与代具的共同进化造就了人及其生活世界。代具固然可以显现为工具或机器，但从人类学意义上来讲，对其更为确切的称谓是"伴生者"，即哈拉维所称的"伴生物种"（companion species）[2]。从原始狩猎时代最早与人逐渐形成相伴关系的猎犬，到今日无远弗届的技术系统，再到未来可能的人机复合的赛博格体系，不论人与这些伴生者的关系简单或复杂，它们都与人的演进相伴随而演化。没有这些伴生者，就没有人类；或者说，人通过与伴生者的相互塑造而成为人为的存在即人造物。

人与作为伴生者的代具的共同进化这一视角超越了传统意义上的主客二分，传统意义上作为主体的人成为准主体—准客体，一般被视为客体的代具则成为准客体—准主体。简言之，但当我们谈及球员或球时，都必须在包含球员、场地与规则的整体网络中予以把握。准主体和准客体的概念强调，主体与客体是在与其他主体与客体的互动中共同生成的。在这种关系与网络的思想中，不再有相对而立的主体与客体，而充满了各种相互纠缠的准主体与准客体。塞尔（Michel Serres）提出准客体理论的初衷是回答"何谓共生？何谓集群？"他认为，存在或关联（being or relating）乃整个问题之所在。他以人利用驯养的雪貂狩猎野兔为例（人们给雪貂戴上口罩，然后让它去挖掘野兔的洞穴，人在洞口捕捉企图逃跑的野兔）引入了准客体的概念：

1 Latour,B.Technology and Morality: The Ends of Means. Theory, Culture and Society. 2002, 19(5/6), pp247-60.

2 Haraway,D.Cyborgs to Companion Species: Reconfiguring Kinship. Don Ihde and Evan Selinger (ed.) Chasing Technoscience: Matrix for Materiality. 2003, pp58-82.

"雪貂是什么？这一准客体（quasi-object）不是客体又是客体，因为它不是主体且在世界中；它也是准主体（quasi-subject），因为没有它的标志与指引，主体无以成其为主体。"[1] 在雪貂狩猎这一具体的情境中，雪貂与狩猎者具有某种准对称关系——虽不完全对等但基本相当。因此，狩猎者是准主体，同时也是准客体。

准主体与准客体的概念表明，人在通过代具进入世界的同时，也将代具纳入自身之中。而在此过程中，作为主体的人使作为对象的客体成为手边之物是有代价的，即追随并伺服客体。这与基于"看"的科学的视角明显不同，如哥白尼革命的实质，就是从观看者的角度让人的视角成为可以移动的宇宙中心，客体随之成为围绕主体的伺服者。而一旦恢复主体作为行动者的身体——这一主体与世界关联的更基本的进路，就不难看到，实际上是主体在伺服客体。以球类游戏为例，塞尔指出："不是球伺服身体，真实的情况恰恰相反：身体是球的对象，主体像绕着太阳一样绕着它运转。球员通过追逐和控球展示球技，而不是让球追随他们并为他们所用……球如同诸主体的主体，成为身体的主体乃至诸身体的主体……人得遵循依据球的情况制定的相关规则。"[2] 值得指出的是，这一分析与黑格尔式的主奴关系论有所不同，因为人同时扮演着规则制定者和规则遵循者的双重角色。而更重要的是，任何规则都不是绝对客观的，而只能是准客观的——即与准主体—准客体网络相关的。不论是对于球员还是天文望远镜的观测者而言，人们所制定的任何规则——哪怕这些规则所依据的是所谓自然律，最终都必须具有可行性，即是可以由人执行的。可见，人既是规则制定者也是规则执行者。在人成为人造物的过程中，人与其说是主体，不如说是设计者和责任者。

---

1 Michael Serres. The Parasite, trans. Lawrence Schehr. The John Hopkins University Press, 1982, p225.

2 同上，p226.

鉴于上述，从人对代具或物（things）的依赖角度来看，一开始就进入准客体—准主体的伴生网络中的人，即可视为人造物，而这无疑是技术作为人的本质的必然结果。当然，这里所说的人造物与纯粹的物质或操作意义上的技术人造物还有所不同，它强调的是人的在世生存意义上的人造物——作为生存现象的人造物。类似的，自此，代具和准客体等概念也还是基于人的生存这一现象之上，即生存现象意义上的代具与准客体构筑了人的存在网络。而下文要进一步讨论的问题是，如何理解和应对人类正在面临的技术化科学以及技术意义上的人造化的挑战。

二、作为行动的制造的技术化科学

在观念、理性与精神的光芒的遮蔽下，直到十分晚近的时候人们才在思想上确立认知者作为能动者的地位。在马克思的《巴黎手稿》等著述中，"科学"与"机器"几乎是同义词，因为在青年马克思那里，人本质上是具有行动能力的自然存在，这代表了19世纪后期的重新认识人的本质的思想潮流——精神、理性和真理不再对行动具有优先性。所谓作为自然哲学的科学延续了哲学用概念进行理论建构的传统，但随着科学的发展，人们从科学或所谓实验哲学的工具效能中找到了改变世界的力量：以行致知。正如阿伦特所言："理论不再意味着一个以可以理解的方式连贯起来的真理体系……理论在相当程度上演变成了现代科学理论，一种有效的假言命题系统，它随着产生的结果而变化，其有效性不取决于它'显露'了什么，而在于它是否'起作用'……而工业革命对世界的成功转化似乎证明了，人的行动和制造为理性制定规则。"[1]

首先看到科学行动效能的是马克思之前300年的培根以及在其思想感召下的无形学院和皇家学院的那些行动先驱。作为缩略口号的"知识就是力量（权力）"揭开了知识与权力联姻的秘密：所谓科学的有

---

1 ［德］汉娜·阿伦特：《过去与未来之间》，王寅丽、张立立译，译林出版社，2011年，第34页。

效性实际上就是知识对于权力和财富增长的有效性，正是人们希望建立和强化对自然和世界的控制这种权力意志刺激了科学家对知识的进一步追求。正如现代政治观念史家沃格林所言："如果没有预想生产技术的实验室工具，科学的发展本身在今天是不可想象的，而生产技术如果没有之前的科学进步，也是不可想象的。"[1]这种思想使我们意识到，科学在近代成为一种特殊的社会建制的原因再简单不过，即社会希望科学成为一个特殊的制造部门——以其所生产的知识满足社会对权力和财富的追逐。

这样就产生了一种问题导向的综合性的认识方式（way of knowing）——技术化科学（technoscience，又称技术科学、技性科学）。当代科学史家皮克斯通将科学的认识方式概述为世界解读（或解释学）、博物学、分析、实验和技术化科学等五种，其中，技术化科学意指像制造商品那样制造知识的方法，其主体是政府、大学和企业，社会对知识制造的需要可以使得博物学、分析和实验转化为技术化科学。[2]由此，我们可以给这个当代科学技术研究中的普遍使用而无明确定义的关键词下一个定义：为行动而制造知识的活动。也就是说，技术化科学并不是简单的科学加技术或者科学的技术化与技术的科学化的结合，而是一种以满足社会提高其控制力等行动效能和财富积累之需要的现代社会的知识生产方式，其内涵与汉语中政策性意味极强的"科技"一词十分接近。

就知识制造本身而言，技术化科学不仅操纵其研究对象还创造研究对象和科学现象本身。在英美哲学传统中，对科学认识的理解往往囿于认识即观察这一刻板印象，主体被设定为"遥望"客体的观察者。在20世纪80年代，倡导实验主义的哈金与主张建构经验论的范弗拉

---

1 ［美］E.沃格林：《革命与新科学》，谢华育译，华东师范大学出版社，2009年，第245页。

2 ［英］约翰.V.皮克斯通：《认识方式：一种新的科学、技术和医学史》，陈朝勇译，上海科技教育出版社，2008年，第10～17页。

森曾就我们能否真的透过显微镜看展开过讨论。范弗拉森认为，人的感官是观测一切事物的尺度，我们原则上可以透过望远镜观星，以为我们可以认出它们，如木星的卫星；但不可能透过电子显微镜看，因为我们无法直接观察出电子显微镜所呈现出的是什么，没有理由相信没观察到的东西的存在。哈金则认为，如果我们可以操控理论实体，如喷射出了电子，它们就是真的。但在英美哲学传统之外的法国新唯物主义传统中，这种争论或许不会发生，因为科学认识中的主、客体关系从一开始就是高度人工化的。梅洛－庞蒂曾指出，科学中存在一种绝对的人工主义：科学"把任何存在都看成'一般客体'，也就是说，仿佛它对我们来说既什么都不是，却又注定为我们的人工技巧所用"；科学中的思考意味着在实验控制之下进行尝试、操作和改造；科学将世界命名为操作对象，将科学的认知情境绝对化，"仿佛那些曾经存在或正在存在的一切，从来都只是为了进入实验室中才存在似的"。[1] 问题是科学为什么需要这种绝对的人工主义？在巴什拉看来，科学的客体并非我们直接感知的客体，因为在我们直接感知的客体如水与火中往往负载了我们的欲望和幻想，为了克服这些认识论的障碍，科学认识必须不断辩证地引入基于新的科学理性的秩序。他在《新科学精神》中指出："机械学的简单化直觉相应于简单的机制；用撞球和钟摆进行的标准物理实验就是简单的机器；纯粹的实体实际上是化学人化物……自然的真正秩序是我们用听任我们摆布的机械方法加入其中的秩序。"[2] 他认为这种理性的秩序使得现代科学与胡塞尔的现象学大异其趣，科学不可能像现象学所声称的那样直观对象的本质，科学活动不仅以技术操控其研究对象，而且真正地创造了科学研究的客体与科学现象本身。虽然这貌似哈金的论点，但其所关注者并非电

---

1 ［法］莫里斯·梅洛－庞蒂：《眼与心》，杨大春译，商务印书馆，2007年，第30～32页。

2 ［加］巴里·艾伦：《知识与文明》，刘剑良译，浙江大学出版社，2010年，第78页。

子之类不可观察实体是否具有实在性，而旨在强调对微观粒子的研究只能是技术性的，只能通过实验仪器加以探究——只能对其进行一种"现象技术"（phenomeontechnique）研究——在其中，无现象自然显现，无现象为所予（given）。也就是说，科学的研究对象不可能独立于我们的理论和技术，不可能如其自身那样得到把握，主体与客体、知与行之间的界限随之消弭。

就知识的建构过程而言，技术化科学不仅是社会—经济—政治语境中的创造物，它在建构自身的同时也型塑着社会。在当代科学技术论中，科学被解读为技术化科学。其中，最为成功的是拉图尔的行动者网络理论（ANT）：在实验室等科学活动中，人与非人的行动者（制度、机器以及动物等）在相互冲突与联合下构成了异质性的行动者网络，科学家和工程师通过对诸行动者的旨趣的转换，将这个混杂（hybrid）的混合物整合为一种可以就科学事实和技术人化物（artifacts）的效果达成一致的机器。简言之，技术化科学是相关活动的行动者网络像机器一样制造整合的产物。在此，值得深入讨论的是，在行动者网络中，技术化科学究竟呈现出一种什么样的技术性？换言之，为什么由技术性（techno-）这个前缀可以造出技术化科学、技术社会、技术生物权力（technobiopower）等复合词？这是因为技术、科学、社会、经济等类概念只是一种权宜的标志，其所标示的客体就是塞尔（Michel Serres）意义上的准客体（quasi-object）——并非完全没有同一性，但其同一性处于不断变化之中的客体，造出这些复合词是为了跟踪使其得以相互建构的行动者网络。对于行动者网络来说，行动者受到其他行动者的作用而不断变动的同时也意味着对带来变化的行动者的持续改变，它们是在情境中共同决定和共同进化的准客体。如果像看待客体那样对行动者的作用和角色明确界定，会阻碍我们把握其中的动态过程。因此，行动者网络不是角色固定的等级式的恒定结构，而是基于无本质的行动者之间的相互作用的关联链（association chains），它们兼具物质性（materiality）和符号性（semiotics），是类似于德勒兹的"块茎"（rhizomes）的无中心流动网络，其发生与流变使得物质性的技术与基于权力机制的社会同时显现而难分彼此。简言之，在行动者网络中，技术与社会不是在本体论上相异的两种实体，而乃同一本质行动的不同面向。[1] 而这种同一的本质行动又是何物呢？它应该是源于人或非人行动者的能动力量（agency）——既是物质性的，又是意向性的；既体现为物质性力量，又表现为权力意志，正是这种能动力量赋予所有行动者以本体论上发出影响的同等的可能性，一种不仅仅是发自人的抽象的技术性成为渗透于网络内外的复杂的行动力量。[2]

从晚近现代性的视角来看，技术化科学处于知识与权力结构的节点，渗透于其中的抽象的技术性成为当代世界型塑的关键因素。透过阿甘本对设备（apparatus）的讨论，我们可以大致把握技术化科学对现代社会的关键性影响之所在。阿甘本认为，由福柯提出的设备（apparatus）（dispositif）概念是福柯的思想策略中的关键术语，其内涵为："①它是一个包含话语、制度、建筑、法律、警察手段、哲学命题等在内、由各种的语言与非语言要素组成的异质性装置；②它始终有具体的战略功能，永远置于权力关系之中；③因此，它似乎处于权力关系与知识关系之交汇处。"[2] 福柯与阿甘本所言的设备隐喻就是技术化科学的具象，使两者的意象得以联接的就是抽象的技术性，而抽象的技术性将使作为设备的技术化科学呈现为一种开放性的行动。回到前文提出的技术化科学的定义——"为行动而制造知识的活动"，我们可以看到，伴随着技术化科学的产生与发展，知识、制造和行动的内涵发生了十分复杂的交错与变异。起初，制造的概念在科学或知

---

1 B. Latour. Technology Is Society Made Durable. In J. Law ed., Sociology of Monsters. 1999, p129.

2 Giorgio Agamben. What Is an Apparatus? in What Is an Apparatus? And Other Essays, trans. David Kishik and Stefan Pedatella, Stanford University Press, 2009, pp2-3.

识的实践效能取代其可理解性中发生了关键性作用——我们可以认识在实验室中制造出来的客体和现象。对此，阿伦特指出："尽管人似乎不能认识不由他自己制造出的这个被给予的世界，但他至少能够认识那些他自己所制造的东西。"[1] 随着技术化科学的发展，人们发现，虽然我们不能在创世意义上"制造"自然，但却完全有能力在实验室现象制造的基础上发动没有人类干预根本不会发生的自然过程——在"制造自然"的同时"制造历史"。阿伦特认为，我们生活于其中的技术世界已经开启了以行动进入自然（act into nature）的进程，这种行动与技艺人（homo faber）和工业革命意义上的制造有本质的差异，因为制造一般都有一个明确的预见结果，而以行动进入自然则会引发无穷无尽的事件链条，行动者事先根本无法知晓和控制其后果，其不可预见性和危险性昭然若揭。[2]

---

1 ［德］汉娜·阿伦特：《过去与未来之间》，王寅丽、张立立译，译林出版社，2011年，第53页。
2 同上，第54～60页。

三、基于关联与聚合的多重实在

　　尽管哲学家一直在为存在的世界和有效性的世界如何相互通达而付出了大量的智力劳动，但自培根以来，科学共同体内部对科学合法性的论证实际上采用的是工具主义意味的可接受性标准。这个标准就是将科学运行的有效性视为科学建构的可理解性的依据，认为两者可以融汇同一，甚至以前者替代后者。科学的工具主义的可接受标准与正统科学哲学支持的一元论的科学观及科学实在论所扮演的角色是类似的——为既有的科学的合理性与合法性背书。后实证主义的科学哲学与科学技术研究则一直致力于超越这种科学主义和工具主义的科学观。正是在这样的语境下，产生了知识建构论、关系实在论、实验实体实在论、建构实在论、能动者实在论等新的关于实在的学说。与传统的认知论和正统科学哲学中的实在论最大的不同是，它们不再关注形而上学意义上的实在世界与经验世界的二分及其同一之可能，而是力求凸显实践与境中的功能性建构。[1] 从这种建构实践出发，科学所处理的实在的多重性得以显现。

　　科学所面对或处置的实在之所以具有多重性，乃因从现代到当代的科学已经进入了具有行事性（performative）的科技时代或技术

---

1 Fritz Wallner：《建构实在论》，王荣麟、王超群译，五南图书出版公司，1997 年，第 13 ～ 14 页。

化科学的时代。[1] 正如斯蒂格勒所辨析的那样，技术科学是服务于科技发展的科学，但同时也对颠覆了科学概念本身——科学从述事性（connotative）的话语转换为行事性的话语。[2] 述事性话语与行事性话语源于奥斯汀的"言语行为理论"——述事性话语旨在陈述或描写事情的过程或状态或者对事实作出判断，而行事性话语则在被陈述出来的同时创造出在该话语之前并不存在的情形，斯蒂格勒借此凸显技术科学与行动的关系及其对科学观与技术观的本体论意义上的颠覆。从亚里士多德到笛卡尔，传统的科学观将科学视为述事性的典范及对稳定现实物或所谓"存在"之"本性"的纯粹描述或客观描述；而技术则是指能够成为不同于其现状的偶然的事物，它是对"存在"的某种可能性的呈现，但只要它不服从"存在"遵循的各种法则即不能与稳定的存在兼容，就仍是一种意外事件。对此，亚里士多德认为作为偶然性事物和意外事件的技术可以被知识（episteme）即科学所简化，康德则将技术视为应用科学，称这种偶然与意外为对科学的一无所知。也就是说，前者将"无科学"的技能与确然性知识、可能性与现实性对立起来，而后者则认为技术是从科学理论得出的一个结果，视可能性为现实性的一种模式。与此相反，当代技术化科学和科技的本质则是行事性——技术化科学的发明"远远不是描述存在之物或现实，而是对某一可能性事物的记录，该可能性事物处于'存在'之外，也即处于对'存在'的实在性的描述之外。"[3] 在本体论意义上，技术化科学具有他律性，因其受外在法则约束而可理解为纯粹的偶然性。

---

1 贝尔纳·斯蒂格勒不无精准地指出："科技既是技术的一个时代，同时也是科学的一个时代，在这个时代里，技术和科学之间结成了一种新的关系。技术科学指导既是科学的一种新的存在模式，又是技术的一种新的存在模式，其结果被称为科技。"参见［法］贝尔纳·斯蒂格勒：《技术与时间：3.电影的时间与存在之痛的问题》，方尔平译，译林出版社，2012年，第268页。

2 ［法］贝尔纳·斯蒂格勒：《技术与时间：3.电影的时间与存在之痛的问题》，方尔平译，译林出版社，2012年，第268～275页。

3 同上，第270页。

因此，康德意义上的古典科学与当代技术化科学的根本差异在于：在古典科学中，技术的他律性只是"存在"转变过程中的短暂表象；技术化科学则削弱了对所谓纯粹描述性的追求并变得具备了行事性，可能性不再是现实性的一种模式，而现实却成为可能性的短暂的呈现——现实物或现实性反过来成为可能性的一种模式。由此，可能性与现实性分道扬镳，科学开启了对所有可能性的研究而不再囿于理想性的"存在"而裹足不前。[1]

技术化科学的行事性是在近代科学的"动手思考"[2]的思想形式上发展起来的，正是这种"动手思考"使世界得以重新创造，而在这种思想形式得以创造的背后则潜藏着一种德勒兹式的元方法——关联（connection）。所谓关联，其所体现的思维风格可以说是经验主义或实用主义的，主张实验优于本体、"与"（and）先于"是"（is）；关联可以追溯至休谟等经验论思想家论及的松散的、外在的结合（association）以及由此形成的外在关系，他们曾期许概念的实验者能够超越常识的边界和框架，创造出先在于常识的关系与关联。[3]在经验论及实用主义的脉络中，不存在给定的所予或已完全确定的本体论架构。因此，我们之所以必须去关联、创建更多的关系的目的与其说是认出真（recognition of the true）或预言什么，毋宁是开创更多的可能性或对未知的敲门声保持关注。它不再追问可能性的经验的条件，而旨在探讨思所未思的条件——这十分类似于威廉·詹姆斯对经验主义的界定——其所关注者乃制造中的事物而非已造成者（"not

---

1 ［法］贝尔纳·斯蒂格勒：《技术与时间：3.电影的时间与存在之痛的问题》，方尔平译，译林出版社，2012年，第270～271页。

2 伽利略、开普勒、笛卡尔、培根等"动手"的思想家在重新创造世界的同时也开创了一种思想：制定出程序和方法以验证看似合理的短信眼是否看似合理。参见［何］H.弗洛里斯·科恩：《世界的重新创造：近代科学是如何产生的》，张卜天译，湖南科学技术出版社，2012年，第4页。

3 经验论者所说的关系即外在关系（relations external to their terms），参见John Rajchman: The Deleuze connections, MIT P, 2000, p6。

of the things made but of the things in making")。更进一步而言，在近代科学走向技术化科学的过程中，做、行动、行事性以及实验的本质就是关联或"与"。关联首先是感知的和事件性的，而不是建立在论断和真理之上。关联就是去联接这与那、从这里移动到那里；它不是因为相信有某种既定的所予或基于本体架构的模式而去再现它们，也不仅仅强调世界在本体论上的杂陈无序，而是试图创建出某种并非既存的关系，以使不同的关系者相互关联切合（fit）——关联所进行的工作类似于星座的构想与巨石阵的构建，而不同于基于既有画面的拼图游戏。在寻求和发展关联的过程中，"与"成为优先于"是"的基本逻辑操作，运作（working）便先于论断或同一性（identity）方面的考量了。

　　"与"优于"是"不仅反映了现代科学的技术化科学转向也导致了实在论的去形而上学化的趋势。不论对实体、关系还是结构而言，"是"的论断体现的是建立在确定的本体架构之上的大全的、已完成的和无限性的理论知识或科学——科学可以捕捉到实在的全部细节与整体结构，在自然的关节点上切分自然（cut nature at its joints），比如找到自然之类（nature kinds）。可惜的是，启蒙时代信心十足的百科全书学派却发现根本就无法整理出单一的知识体系，所谓的百科全书最后只好按字母排序编纂。如果把各个学科对世界的描述和论断看成科学的词典的话，则似乎永无完成之日。这种词典不断转换，先是系统性的分裂，然后以一种新的方式重组词典中的术语所指称的对象，术语和指称对象往往发生大规模变化，先前被认为完全不同的对象被组合在一起，某些先前属于同一范畴的成员则可能分属不同的部分。[1] 逻辑经验主义发起的"统一科学"运动最终也未能将世界映射为科学语言的图像。因此，"是"的论断无法论证形而上学意义上的实在世界与经验世界的同一，用古德曼的话来说就是"真理不能根据

---

1 ［美］托马斯·库恩：《结构之后的路》，邱慧译，北京大学出版社，2012年，第78页。

与'那个世界'的符合而被定义与检验。"[1] 具有操作性和凸显运作的"与"则和"是"不同，因为"与"的操作与运作在使事物之间发生关联的同时重新创造了它们——除了造物主创世意义上创造或达尔文式的自然演化之外，所有人的创造都是重新创造，而这种重新创造实质上就是制造。对此，阿伦特指出，恰如维科所言，要证明物理存在，我们就得制造它们——如果人们假定人只能认识他自己制造的东西的话，现代科学的诞生无疑促使人们的兴趣从追问事物是"什么"转向考察过程"如何"，令前者成为后者的副产品；换言之，只要知道一个东西是如何产生的，就意味着"认识"了它。[2] 主张建构实在论的瓦尔纳（Fritz Wallner）则强调：①实在世界与经验世界的形而上学区分纯粹是一种语言学上的谬误，我们坚信人实际上是生活于真实世界之中；②科学的结论应被视为"建构"的而非"描述"的，科学家借助不同的程序发现资料之间的关系而建构起一个小系统即微世界（microworlds）——由科学家所创发的关系所联结的资料体系，传统意义上对实在的洞察（insight）只适用于检验我们自己所建构的微世界中的实体（如理论、客体等）；③建构实在论意味着我们能够创发一些事物，且它们能不依于我们而运行——微世界必须能够独立于其创发者之外运作。[3]

关联方法或"与"操作所推进的是零星的和局域性的实在建构，多重实在由此产生。关联或"与"操作实际上是从问题出发引入各种理论概念和技术工具，将其加以组合并使之尽可能地能获得自洽性的运作，使各种要素因此聚合（assemblage），成为某种能够自我

---

1 ［美］纳尔逊·古德曼：《构造世界的多种方式》，姬志闯译，上海译文出版社，2008年，第18页。

2 ［德］汉娜·阿伦特：《过去与未来之间》，王寅丽、张立立译，译林出版社，2011年，第53页。

3 ［奥］佛里茨·瓦尔纳：《建构实在论》，王荣麟、王超群译，五南图书出版公司，1997年，第10～14页。

运行的闭环（closure）。因此，关联或"与"操作又可称为聚合方法。约翰·劳（John Law）指出，所谓聚合方法是实在的探测器与放大器的组合，不同的聚合方法的应用使得针对同一问题的不同的实践产生出多重性的实在。[1] 而劳对聚合方法和多重实在（multiple reality）的讨论是基于对莫尔（Annemarie Mol）的研究的评论。莫尔通过对贫血等医疗实践的研究指出，对于看起来是同一种疾病的贫血，有临床诊断和血液检验等不同的实践判准，由此所建构出的贫血不是对同一种实在的不同视角下的考察，而是有差异的不同的实在。[2] 如果临床诊断的贫血与化验单上统计意义上的贫血是不同的实在，就会出现所谓本体论的政治之类的问题：这些不同的实在有何关系？如何在它们之间作出选择？是否应该在它们之间作出选择？等等。如果不再有唯一的实在或真的标准，是否意味着可以添加一些政治性的理由作为可选择的考量因素？

---

1 John Law. After Method: Mess in Social Science Research. Routledge, 2004, pp13—14.
2 Annemarie Mol. Ontological Politics: A Word and Some Questions, in John Law and John Hassard (eds), Actor Network Theory and After, Oxford and Keele, 1999, pp74—89.

四、超越存在之痛的抉择

　　技术人造物对人自身的替代性改造的可能性源于当代技术化科学的兴起。自近代科学革命以来，对自然和世界的技术性介入和操控成为对世界的知识探究的切入点和目标，在不到 400 年的现代性历程中，人类的主流知识体系完成了从自然哲学与实验哲学到理论科学、再从理论科学到技术化科学的范式转换。正如斯蒂格勒所言："科学技术已不再是实证地描述真实存在的科学技术，而是在真实存在中创造性地开拓或描述种种新的可能性。"[1] 这一转换无疑给当代哲学带来了革命性的挑战。直到 20 世纪中叶，世界知识界与哲学界关注的基础性问题依然是自笛卡尔、康德以来所关注的现代知识论与形而上学问题，不论是对知识的辩护还是对世界的本体论分析，都围绕着客观对象与理论表征而展开。但自那时以来，科学研究越来越多地建基于对象制造——从实验环境到研究对象不再是纯粹的理论客体，科学家更多地面对的是如何制造纳米管或获取转基因片段并加以控制，而非希格斯子是否存在或如何存在。在这个正在来临的从纳米、仿真到基因的对象制造的时代，制造与发现的界限日益模糊，技术意义上的准自然类（quasi-natural kinds）成为技术化科学发现／制造的对象。因

---

1 ［法］贝尔纳·斯蒂格勒：《技术与时间：2.迷失方向》，赵和平、印螺译，译林出版社，2010 年，第 9 页。

此，不论是对科学家还是哲学家，"我们应该制造什么？"[1]成为一个不可回避的难题。

面对技术意义上的准自然类的出现或出现的可能性，人表现出极大的矛盾：一方面不断地制造各种人造物，并使与其伴生的代具层出不穷地衍生出各种谱系；另一方面，对其发明与制造行为涉及对世界和人的准自然化改造，又充满怀疑乃至恐惧。在诸多现代乌托邦和反乌托邦叙事中，一方面，人通过基于知识的"魔法"而获得无与伦比的力量，如新大西岛、浮士德；另一方面，弗兰肯斯坦因、化身博士、美丽的新世界、1984 等家喻户晓的幻象则描述了技术固有的危险性及其与复杂人性的纠缠。其中最具强迫性的关注和忧虑是担心人成为技术意义上完全的人造物。随着技术的进步，人的存在的人为或人造程度越来越高，而人对作为其本质的技术的疑虑也随之加深。

回到作为对爱比米修斯之误的补偿或补余的代具隐喻，不难看到，技术化科学所开启的准自然化进程是人凭借代具或物而生存的必然结果。对此所展开的反思可从追问代具在人的生存现象学意义上的本质开始：代具所补偿的所谓人固有的肉身缺陷是一种绝对的缺陷（如果这种缺陷是"没有任何本领"，其反面则是"具有任何想要的本领"），人在寻求任何目的时对力量的绝对诉求——"我们想要什么？"——"我要"；而代具则是对这种力量需求的补余——"我们能做什么？"——"我能"。

从科学或技术化科学的视角来看，"我要"和"我能"建基于科学或技术化科学的理性虚构的可能性之上。斯蒂格勒指出，正如康德早就指出的那样，当理性不再能够求助于经验时，应该通过什么在思想中得到指引并确定方向。在康德的时代，这是一个关于对上帝的合理信仰的问题——理性地虚构出一种自然的终结，即上帝之完美。近

---

1 Peter GalisonTen Problems in History and Philosophy of Science. ISIS, 2008, 99: 1, p118.

代科学革命之后，从理论理性与基于理论理性的科学来看，与作为认识的终极目标的完美与统一的理论化知识体系相比较，人们所获得的基于理性的知识总是处于一种有缺陷的状态。因此，理论理性从来都是不足的，它始终处于某种缺失状态，而这似乎是达到完美理性之必需，人们对其无止境的追求亦理所当然。在理论科学缺乏现时的与可能的经验时，往往不得不进行理性虚构。理论科学的理性虚构的可能性使其得以提出并应对"我们要知道什么？"和"我们能如何探索？"之类的问题。在理论科学的早期，理论旨在表征自然，自然作为一个整体性概念指涉一切自然现象的总和，理论所揭示的理性虚构的可能性也从属于自然实体的实现这一秩序的制约。

然而，理论科学的目标实际上无法在理论层面实现，科学由理论科学转向技术化科学，原本囿于理论陈述的理性虚构嬗变为以直接的行动为目标的理性虚构。对此，斯蒂格勒指出："在科学变成技术科学的同时，科学似乎也变成了一种'技术科学—虚构'，以一种全新的基调，提出了'一切事物的终结'这一问题。"[1] 而且，这一"技术科学—虚构""不仅仅是生产魔鬼的工业，同时也是生产魔鬼般存在物的工业。它就像魔鬼一样，对世界产生了威胁。"[2] 为何斯蒂格勒要用"魔鬼"这样的字眼来刻画"技术科学—虚构"？这是因为除了伽利略—牛顿传统的理论科学之外，近代科学的一个潜在的起源是基于万物有灵论的神奇科学或魔法科学，而技术化科学可视为这种魔法科学的现代版——科学的目标不再是通过理念或理论化的理性虚构把握自然的完美秩序，而是凭借"技术科学—虚构"使世界成为为我们的意愿而存在的世界。

在"技术科学—虚构"中，"我们想要什么？"（"我要"）与"我

---

1 ［法］贝尔纳·斯蒂格勒：《技术与时间：3.电影的时间与存在之痛问题》，方尔平译，译林出版社，2012年，第265页。
2 同上，第266页。

们能做什么？"（"我能"）成为带有强迫性的抉择。随着技术化科学的兴起，科学从描述实在转向发明可能事物，"准自然类"的制造使得自然秩序不再成为一种约束，但人们由此而不得不面对"我要"与"我能"问题。一方面，技术化科学不可抗拒地造就了无数可能性，这些可能性发出的逼问是：我们到底想要什么？这个问题使当前的知识惧怕不已乃至迷失方向：由于缺乏必要的准则，我们不知道自己想要什么，我们又不能不想要什么。[1] 另一方面，技术化科学昭示着巨大的可能难以约束的能量，这进一步逼问人们，在技术化科学主导人类行动下，我们真的知道我们能做什么吗？这个问题加剧了当前的科技实践所处的精神分裂状态：让人倍感兴奋的是，我们似乎能做任何事情；同时，让人无比沮丧的是，我们对我们所做的事情真正意味着什么却知道得越来越少。

来自技术化科学的逼问——"我们想要什么？"与"我们能做什么？"——带来了基于"本体论差异"的"存在之痛"——我们只能从存在者出发理解和把握存在，而对横亘于存在与存在者之间的本体论差异的跨越是一件令人万分沮丧的事情。对于存在，德勒兹曾经高度概括地指出："存在显现了两次，第一次同形而上学有关，出现在无法回忆的过去中，因为存在隐退于一切过去的历史中——正如希腊人认为一切都已被思考过。第二次同技术有关，出现在无法指定的未来中，一种永远处于即将来临状态的思想之纯粹的迫近或可能性。"[2] 传统的理论科学继承了由柏拉图开启的关于存在的理念的希腊传统，将理论实体或所谓实在形而上学化，并运用逻辑和经验为其理论架构的统一性辩护，但这一进路最终为归纳问题和杜恒—蒯因论点所击碎。这一失败不仅表明了基础主义与理论化理性

---

1 ［法］贝尔纳·斯蒂格勒：《技术与时间：3.电影的时间与存在之痛问题》，方尔平译，译林出版社，2012年，第267页。
2 ［法］吉尔·德勒兹：《批评与临床》，刘云虹、曹丹红译，南京大学出版社，2012年，第199页。

虚构的局限性，还表明对存在的追问必须以超越存在为前提。海德格尔对技术的追问使存在的第二次显现得以揭示，他不仅通过技术的持存与座架等概念提出了存在与存在者之辨，在后期著作中，他甚至不再谈论形而上学以及对形而上学的超越——因为在他看来，存在本身必须得到超越，让位于一种存在的可能性，而后者只同技术相关。[1]

存在的第二次显现为超越存在之痛提供了一个重要的线索——通过技术化科学所带来的技术、意愿（"我要"）与行动（"我能"）的可能性反思存在的可能性。要使"技术科学—虚构"超越极有可能的虚无主义的命运，需要在反思"本体论的差异"的基础上进一步思考所谓"本体论的可能性的差异"——基于"技术科学—虚构"的技术、意愿与行动的可能性与关涉人类生存现象的存在的可能性之间的差异。显然，基于"技术科学—虚构"的技术、意愿与行动的可能性已经超越了传统哲学关于可能性作为现实或实在的一种模式的理解框架。更进一步而论，技术化科学开启了一种建立在"可操作性理论虚构"这一矛盾的直接行动之上，其本质非但不是表征某种既定的实在或现实，而且可以说是对其所切入的实在或现实的破坏性再造。恰如斯蒂格勒所强调的那样："对现实物的发现已经变成了一种使现实物失去效力的发明，因为遗传学家不再描述生物的实现，而是将一种新的可能性引入生物之中，这一可能性事物此前并非包含在生物之中，因此也不是'现实的一种模式'。"[2]因此，"技术科学—虚构"并非理论科学所宣称的"在事实中发现叙事性的理论规律"，其常规的运作方式更像是"通过引入前所未有的事件构造新的行事性规则"。

更重要的是，技术化科学所引入的可能性事物或新的行事性规则

---

1 ［法］吉尔·德勒兹：《批评与临床》，刘云虹、曹丹红译，南京大学出版社，2012年，第199～200页。

2 ［法］贝尔纳·斯蒂格勒：《技术与时间：3.电影的时间与存在之痛问题》，方尔平译，译林出版社，2012年，第272页。

都是具体的和暂时性的，因而是在不断地演变之中的；对作为人类生存意义上的存在的可能性的反思与行动必须建立在对技术化科学所引入的暂时与流变的可能性的批判之上。也就是说，我们应该如何对技术化科学所引入的技术、意愿与行动的可能性加以必要的约束，使作为技术化科学要素的"我要"与"我能"成为新的存在的可能性的基础。

必须承认，技术作为人的本质与对存在之痛的超越这两个命题是相互矛盾的。对这个矛盾的化解可能要回到对与技术相伴随的时间的反省。德国当代哲学家京特·安德斯对于第二次与第三次工业革命时期人的灵魂作出了十分深刻的反思。他提出了"过时的人"这一技术时代的人的心理模式并进行了深入的分析。在其主要著作《过时的人》开篇，他谈到了技术时代人所遭遇的一种全新的羞愧感——"普罗米修斯的羞愧"——今天的普罗米修斯（科学家与工程师）在自己制造的产品的质量面前感到一种自叹不如的羞愧：我算什么？[1]

是什么导致了今天的"普罗米修斯的羞愧"？其原因不仅在于技术产品的优良性能，更在于技术产品及其性能的不断加速更新与提升。正是这种看不到技术放缓步伐的现实，不但使得技术产品从出厂就开始过时，更使得人在心理上臣服于技术的加速度而自惭形秽。

因此，要彻底改变工业革命带给人的这种加速进步的强迫症，必须寻求新的技术发展逻辑，让技术化科学得到更多的批判、省思与行动。其中，值得我们思考的是科学哲学家基切尔（P.Kitcher）提出的有序的科学和技术哲学家斯唐热（I.Stengers）所提出的慢科学的思想。前者强调，科学应该依照其后果而不是成果确立其发展的规范与秩序；后者则启迪我们适当地放慢科学的步伐，可以让我们有更多的时间更为审慎地构建技术化科学的那些暂时的、流变的但却影响深

1 ［德］京特·安德斯：《过时的人（第一卷）：论第二次工业革命时期的灵魂》，范捷平译，上海译文出版社，2010年，第3页。

远切不可逆的可能性。

退一步，进两步。如果技术化科学的可能性让我们意识到不加限制的加速度意味着对存在的可能性的竭泽而渔，那么，为了避免人类文明的嘎然而止，我们必须让技术化科学发展的速度控制在人类的实践智慧可以掌控的范围之中。

……

究竟什么样的科学是可接受的科学？先要问什么样的人是可以成其为人的存在，或什么样的我是可以无悔地且他人可以欣然地接受的我……